高等职业院校"十三五"校企合作开发系列教材

林业工程监理实务

冯康安　主编

中国林业出版社

内 容 简 介

《林业工程监理实务》是一门实践性、应用性较强的课程，本教材以林业工程监理工作过程为基础安排教学内容。山西林业职业技术学院在多年教学实践过程中，不断和合作企业进行研讨，既满足学生认知规律和教学活动规律，又紧密结合林业工程监理实践，编写了这本适合高等职业院校学生的教材。

图书在版编目(CIP)数据

林业工程监理实务／冯康安主编. —北京：中国林业出版社，2019.6(2025.2重印)
高等职业院校"十三五"校企合作开发系列教材
ISBN 978-7-5219-0077-4

Ⅰ.①林… Ⅱ.①冯… Ⅲ.①森林工程－监理工作 Ⅳ.①S77

中国版本图书馆 CIP 数据核字(2019)第 097719 号

中国林业出版社教育分社

策　划：	高红岩　杨长峰	责任编辑：	曹鑫茹
电　话：	(010)83143560	传　真：	(010)83143516
E-mail：	jiaocaipublic@163.com		

出版发行：	中国林业出版社(100009　北京市西城区德内大街刘海胡同7号)
	电话：(010)83143500
	http：//www.forestry.gov.cn/lycb.html
经　销：	新华书店
印　刷：	北京中科印刷有限公司
版　次：	2019年6月第1版
印　次：	2025年2月第4次印刷
开　本：	787mm×1092mm　1/16
印　张：	9
字　数：	220千字
定　价：	35.00元

未经许可，不得以任何方式复制或抄袭本书之部分或全部内容。
版权所有　侵权必究

校企合作开发系列教材编写指导委员会

主　　任：宋河山
副 主 任：刘　和　　王世昌
编　　委：（按姓氏笔画排序）

于　蓉　　王军军　　冯晓中　　吉国强
杜庆先　　李保平　　张先平　　张金荣
张晓玲　　张爱华　　罗云龙　　赵立曦
赵　鑫　　段鹏慧　　宿炳林

本书编写人员

主　　编：冯康安
副 主 编：韩建栓　　马国强
编　　者：（按姓氏笔画排序）

马国强　山西林业职业技术学院
冯康安　山西林业职业技术学院
吉国强　山西林业职业技术学院
刘　玮　山西林业职业技术学院
刘俊英　山西林业职业技术学院
刘瑞霞　山西林业职业技术学院
尉明涛　山西丽景工程项目管理有限公司
韩建栓　山西中财工程建设监理有限公司
睢海静　山西林业职业技术学院

序

随着我国经济社会的不断发展和生态文明建设的持续推进，对林业教育、尤其是林业职业教育提出了新的、更高的要求。不断明晰林业职业教育的任务，切实采取措施，提升自身的教育质量和水平，成为每一所林业职业院校的历史担当。

山西林业职业技术学院作为山西省唯一的林业类高等职业院校，肩负着培养高素质林业技术技能人才的重任。办学 64 年以来，学院全面贯彻党的教育方针，坚持以立德树人为根本，以服务发展为宗旨，以促进就业为导向，通过"强内重外"建设生产性实训基地，积极探索产教融合、校企协同育人的办学道路，实施"工学结合"人才培养模式，以"项目导向、任务驱动"作为教学模式改革的着眼点，构建了以培养专业技术应用能力为主线的人才培养方案，使学校培养目标与社会行业需求对接，增强了高素质技术技能人才培养的针对性和适应性，凸显了鲜明的办学特色。

在教材建设方面，学院大力开发校企合作教材，在校企双方全方位深度合作的基础上，学院专业教师和企业技术人员共同修订人才培养方案、制订课程标准，共同确定教材开发计划，进行教材内容的选定和编写，并对教材进行评价和完善。这种校企共同开发的教材在适应职业岗位变化、提高学生职业能力方面都有着重要的作用。

本次出版的《林业地理信息技术》《林业工程监理实务》《园林工程测量》《现代园林制图》《园林绿地景观规划设计》《旅行社运行操作实务》《生态饭店运行与管理实务》《旅游景区动物观赏》《森林旅游景区服务与管理》《旅游市场营销》均是林业技术、园林工程、森林生态旅游专业的专业核心课程教材。其主要特点：一是教材与职业岗位需求实现及时有效地对接，实用性更强。二是教材兼顾高职院校日常教学和企业员工培训两方面的需求，使用面更广。三是教材采用"项目导向、任务驱动"的编写体例，更有利于高职专业教学的实施。四是教材项目、任务由教师和企业技术人员共同设置，更有利于学生职业能力的培养。

相信，本系列教材的出版，会对林业高等职业教育教学质量提升产生积极的作用。当然，限于编者水平，本系列教材的缺点和不足在所难免，恳请批评指正。

编委会
2016 年 6 月

前言

本教材是根据山西林业职业技术学院"林业技术专业基于工作过程课程系统开发研究"和"林业技术专业基于工作过程（项目）系统化课程改革教学模式研究与实践"要求，在山西林业职业技术学院优质校建设任务现代林业技术专业群建设方案的统领下，由山西林业职业技术学院、山西丽景工程项目管理有限公司、山西中财工程建设监理有限公司共同编写完成。在遵循职业教育规律前提下，结合林业工程监理生产实际，校企双方共同制定课程标准，合作开发教材。教材编写过程坚持"以工作过程为导向，以任务驱动为本位"的原则，在课程内容、案例方面更加贴近林业工程监理工作实际，更加注重高职学生职业能力的培养。

本教材内容选取依据林业工程监理工作过程为主线，以生产实用为原则，共设置两个模块，模块1是建设工程监理基础性知识，包括4个单元：认知建设工程监理、建设工程监理人员、建设工程监理单位、建设工程监理基本理论；模块2是林业工程监理实务知识，包括5个项目：林业工程监理承揽、林业工程施工准备阶段监理、林业工程施工阶段监理、林业工程养护阶段监理和林业工程竣工阶段监理。

本教材由冯康安任主编，韩建栓、马国强任副主编，编写人员具体分工为：模块1的单元1、单元4，模块2的项目3由冯康安编写；模块2的项目5由刘俊英编写；模块2的项目1由马国强编写；模块2的项目2由刘瑞霞编写；模块1的单元2、单元3由刘玮编写；模块2的项目4由睢海静编写；尉明涛对全书案例、图片及表格进行整理。冯康安对全书进行统稿。

本教材适用于林业技术专业、工程监理专业及其他相关专业作为教材使用，也适用于各类林业工程监理和林业工程项目管理企业应用。

在编写本教材过程中，编者参阅了有关教材、专著等资料，在此对其作者表示感谢。在编写过程中引用部分林业工程监理实践为参考，对项目其他参与方表示感谢，对山西丽景工程项目管理有限公司和山西中财工程建设监理有限公司的支持和帮助，表示衷心感谢！

由于编者水平有限，时间仓促，书中可能有错漏之处，恳请广大读者批评指正，以便修改完善。

编　者

2019年3月

目录

序
前言

模块1　建设工程监理基础　　1
单元1　认知建设工程监理　　2
单元2　建设工程监理人员　　11
单元3　建设工程监理单位　　19
单元4　建设工程控制与管理　　25

模块2　林业工程监理　　37
项目1　林业工程监理承揽　　38
项目2　林业工程施工准备阶段监理　　50
项目3　林业工程施工阶段监理　　63
项目4　林业工程养护阶段监理　　77
项目5　林业工程竣工阶段监理　　81

参考文献　　95
附录1　建设工程监理规范　　97
附录2　造林质量管理暂行办法　　116
附录3　工程监理常用规范表格　　123

模块 1　建设工程监理基础

模块概述

本模块讲述建设工程监理的基础知识，主要介绍建设工程监理的基本概念、建设工程监理人员、建设工程监理单位和建设工程监理基本理论。

通过本模块学习，对建设工程监理有深入了解，掌握建设工程监理的基本概念、性质，熟悉建设工程监理的依据和发展历程、建设工程监理人员的分类和素质要求、建设工程监理单位的资质分类；掌握建设工程监理人员的报考、注册及管理相关程序、建设工程监理单位的成立与运营。

单元 1　认知建设工程监理

单元概述
　　本单元是建设工程监理的基本知识，主要介绍建设工程监理的概念和内涵，建设工程监理的性质、作用及发展历程。

知识目标
　　(1) 熟悉建设工程监理的概念及内涵。
　　(2) 熟悉建设工程监理的性质和依据。
　　(3) 了解我国建设工程监理的发展历程。
　　(4) 掌握建设工程监理在社会发展及经济建设中的作用。

课时建议
　　4 课时。

1.1　建设工程监理基本概念

1.1.1　建设工程监理的概念

　　工程监理是工程监理单位受建设单位委托，根据法律法规、工程建设标准、勘察设计文件及合同，在施工阶段对建设工程质量、造价、进度进行控制，对合同、信息进行管理，对工程建设相关方的关系进行协调，并履行建设工程安全生产管理法定职责的服务活动。

1.1.2　建设工程监理的内涵

　　从字面意思看，"监"是监督、督促、监视、督察的意思，延伸为视察、检查、评价、控制等，有时"监"也通"鉴"，对照标准、规程进行评价、鉴定。"理"是管理、协调、理顺、条理，"理"也通"吏"，是一个官员或执行者。
　　"监理"的含义，可表述为：一个执行机构或执行者，依据准则，对某一行为的有关主体进行督察、监控和评价，守"理"者按程序办事，违"理"者则必究；同时，这个执行机构或执行人还要采取组织、协调、控制、措施完成任务，使主办人员更准确、更完整、更合理地达到预期目标。

1.1.3　建设工程监理的内容

　　工程建设监理主要内容包括质量控制、进度控制、投资控制、合同管理、信息管理、协调工作及安全监管，这 7 项工作贯穿整个监理工作始终，从招标工作开始到施工准备阶段、施工阶段、验收阶段、养护管理阶段、竣工验收阶段等，而且各个阶段工作要点又各不相同。

1.1.4　建设工程监理的性质

(1) 服务性

建设工程监理具有服务性，是从它的业务性质方面定性的。建设工程监理的主要手段是规划、控制、协调，主要任务是控制建设工程的投资、进度和质量，最终应当达到的基本目的是协助建设单位在计划的目标内将建设工程建成投入使用。在工程建设中，监理人员利用自己的知识、技能和经验、信息以及必要的试验、检测手段，为建设单位提供管理服务。工程监理企业不能完全取代建设单位的管理活动。它不具有工程建设重大问题的决策权，它只能在授权范围内代表建设单位进行管理。

(2) 科学性

科学性是由建设工程监理要达到的基本目的决定的。

工程监理企业应当由组织管理能力强、工程建设经验丰富的人员担任领导；应当有足够数量的、有丰富的管理经验和应变能力的监理工程师组成的骨干队伍；要有一套健全的管理制度；要有现代化的管理手段；要掌握先进的管理理论、方法和手段；要积累足够的技术、经济资料和数据；要有科学的工作态度和严谨的工作作风，要实事求是、创造性地开展工作。

(3) 独立性

《工程建设监理规定》和《建设工程监理规范》要求工程监理企业按照"公正、独立、自主"原则开展监理工作。按照独立性要求，工程监理单位应当严格地按照有关法律、法规、规章、工程建设文件、工程建设技术标准、建设工程委托监理合同、有关的建设工程合同等的规定实施监理；在委托监理的工程中，与承建单位不得有隶属关系和其他利害关系；在开展工程监理的过程中，必须建立自己的组织，按照自己的工作计划、程序、流程、方法、手段，根据自己的判断，独立地开展工作。

(4) 公正性

公正性是社会公认的职业道德准则，是监理行业能够长期生存和发展的基本职业道德准则。在开展建设工程监理的过程中，工程监理企业应当排除各种干扰，客观、公正地对待监理的委托单位和承建单位。

1.1.5　工程监理的依据

(1) 工程建设方面的法律、法规

①国家、省、市颁发的有关法律、法规、文件和批示。
②现行的技术规范、规程、标准、定额。

(2) 政府批准的工程建设文件

①可行性研究报告、立项批文。
②规划部门确定的管理规定等。
③勘察和设计院提供的地勘报告、施工图纸及设计文件。

④确保安全生产和文明施工现场管理的上级单位有关规定。

(3) 建设单位监理招标文件、签订的建设工程监理合同

①监理单位和监理工程师的权利和义务。
②监理工作范围和内容。
③其他工程建设合同。

1.1.6 林业工程监理的特点

(1) 受地域条件限制大

俗话说"十里不同天",这说明区域小气候随着地域变化而变化,又说"一方水土养一方人",其实一方水土也养育一方植物,一些植物只有在特定的地方才能很好地生长,在其他地方则不能很好生长甚至难以存活。林业生态工程建设涉及面特别大,区域小气候也会存在很多变化,在林业工程建设监理中要从当地的区域条件出发,制订合理的监理实施细则进行工程监理,不能搞"一刀切"。

(2) 受自然条件限制大

林业生态工程是有生命的"活"的工程,这是林业生态工程建设与其他建设工程的最大区别,林业生态工程比其他建设工程受环境因子限制要明显得多,不仅要考虑施工期间环境因子限制,还要考虑施工后一段时间内环境因子对其缓苗和存活的影响。

(3) 时序性强

树木的生长发育具有明显的季节性,某一树种播种、育苗、栽植对环境因子都有特别的要求,错过了这个季节发芽或成活就会受到影响,正所谓"人误地一时,地误人一年"。这要求林业生态工程建设监理既要了解当地的季节变化和每个季节的环境条件变化,又要掌握树木的生物学和生态学特性。

(4) 实践性强

由于气候的复杂多变,国家的区划、技术标准和规程一般是照顾面较大,难免有偏差,在林业生态工程建设中要不断地总结经验,或者及时汲取当地成功的经验,为林业生态工程建设监理提供依据。对于一些不太符合目前国家标准、行业规范的林业生态工程,通过当地小面积试验有取得良好效果的做法和措施,要实事求是与业主和上级部门沟通,谨慎灵活处理。

(5) 直观性强

林业生态工程建设的监理工作直观性很强,尤其在生长期,树木成活与否基本可以目测判断。其苗木规格、栽植数量和栽植是否合格,也可用简单的测量工具完成,很少需要复杂的测定就能得出结论。

(6) 危害不明显

这就使得好多林业生态工程建设投入大、效益差,出现了"年年造林不见树"的怪象。随着社会各界对生态环境建设的不断重视和相关法律的实施,这种现象也许在不久的将来会有所改变。

(7) 长期性

一般工程在施工结束后,由建设单位组织设计、施工、监理、政府监督管理部门对工程的实体质量和有关工程资料进行验收,达到合同要求,则可通过竣工验收,移交工程。

在缺陷保修期期间，只要不是承包单位施工质量问题，施工单位不予以修理。而林业建设工程的验收，按国家规定春季造林需在秋季进行成活率验收，秋季造林要在第二年进行成活率验收，造林第三年还要进行保存率验收，只有在保存率达到国家标准，此工程才能算得上真正通过竣工验收。由于影响成活率和保存率的因素很多，俗话说"三分造，七分管"，因此在缺陷保修期内，其管护的工作量非常大，如要进行补植（播）、幼林抚育，有的甚至还需要浇水灌溉等，一道工序没有做好，可能前功尽弃。由此可见，林业的营造林工程的缺陷保修期监理极为重要，而往往现在一些地区搞的林业营造林工程监理忽视了这一点。林业生态工程建设的工期即是施工工期加3年养护期，监理工作的比建设工期又略长一些。

1.1.7 工程监理的作用

（1）做好工程监理是控制工程质量、投资和工期的保证

工程监理是提高工程质量的重要环节。在工程中甲方往往缺乏相关的专业知识，不能把好质量关。如果没有专业的工程监理人员，不能鉴别真伪，就不能保证工程质量、达到预期的景观效果。工程中苗木价格的浮动很大，栽植等劳动定额国家没有统一标准，这造成工程投资管理困难。

（2）做好工程监理利于实现政府在工程建设中的职能转变

我国实行市场经济体制的一个重要特点就是开放市场，政府在市场竞争体制中只给予宏观调控。同时也解放了政府，改变了以往建设项目政府自筹、自建、自管的做法。这样有利于提高政府投资回报，由于存在竞争，所以各单位会尽其所能做好项目。

（3）做好工程监理有利于发展、完善我国市场经济

工程监理是建筑行业的一部分。它的规范、完善是市场规范化的前提。目前，我国建筑行业还有很多地方不规范，如缺乏竣工验收标准、质量检验标准等。做好监理工作是做好这些工作的重要途径。工程监理合同管理的任务也是行业规范的重要手段。合同是建设工程中各方权益的保证，甲方应提供的服务及得到的结果、乙方所承担的责任和获得的利益都在合同中有明确规定。所以，只有建立健全、规范、科学的合同管理制度，才能使整个行业走向规范。工程建设中任何一方不按合同履行义务，受损方都可根据合同通过法院起诉，获得相应补偿。

（4）做好工程监理有利于提高建设工程投资决策科学化水平

工程监理企业可协助建设单位选择适当的工程咨询机构，管理工程咨询合同的实施，并对咨询结果（如项目建议书、可行性研究报告）进行评估，提出有价值的修改意见和建议；或者直接从事工程咨询工作，为建设单位提供建设方案。工程监理企业参与或承担项目决策阶段的监理工作，有利于提高项目投资决策的科学化水平，避免项目投资决策失误，也为实现建设工程投资综合效益最大化打下了良好的基础。

（5）做好工程监理有利于规范工程建设参与各方的建设行为

在建设工程实施过程中，工程监理企业可依据委托监理合同和有关的建设工程合同对承建单位的建设行为进行监督管理。由于这种约束机制贯穿于工程建设的全过程，采用事前、事中和事后控制相结合的方式，因此可以有效地规范各承建单位的建设行为，最大限度地避免不当建设行为的发生。即使出现不当建设行为，也可以及时加以制止，最大限度地减少其不良后果。应当说,这是约束机制的根本目的。另外,由于建设单位不了解建设工程有关的法律、法规、规章、管理程序和市场行为准则,也可能发生不当建设行为。在这种情况下,工程监理单位可以向建设单位提出适当的建议,从而避免发生建设单位的不当建设行为,这对规范建设单位的建设行为也可起到一定的约束作用,当然,要发挥上述约束作用,工程监理企业首先必须规范自身的行为,并接受政府的监督管理。

1.2 工程监理的产生与发展

1.2.1 世界建设工程监理发展

工程监理是国际通用的一项工程管理制度,有非常悠久的发展历史。经过300多年的发展,目前已成为体系完备、机制健全、行之有效、国际通用的工程管理模式。在建设工程的质量控制、进度控制、投资控制、合同管理、信息管理及安全监管方面发挥了重要作用,为现代建设工程项目管理作出了巨大贡献。

早在16世纪的欧洲,受雇于农场主的建筑师承担着总营造师的任务,从工程的设计到材料的购买再到施工的组织管理全部负责。随着当时社会经济的发展,对工程建造技术要求越来越高,产生社会分工,设计与施工逐步分离,还有一部分营造师专门从事给建设者提供技术咨询服务,解答施工过程中各类技术难题或者规范施工程序,工程监理制度从此应运而生。但业务范围与现代工程监理区别很大,仅仅局限于施工过程的质量监督和数量统计。

18世纪60年代,产业革命促进了欧洲工业化进程,建筑业迎来迅速发展时期,19世纪初为明确工程建设参与者各方的责任,加快工程进度,英国政府推出工程总包合同制度,合同总包制度的实行,产生了工程的招投标制度,工程监理的业务内容进一步得到扩充,也推进了建设工程监理制度的发展。第二次世界大战后,现代化建设速度加快,工程建设规模加大,技术难度加大,投资量大增,工程建设风险较大,社会竞争程度加剧,使得工程项目管理的科学化越来越重要。在工程建设之前需要进行投资论证和项目的可行性分析,工程监理的业务内容又一次得到扩充,工程监理工作贯穿于工程建设的全过程,现代工程监理制度初步形成。把现代的管理学的基本理论应用到建设工程监理中,逐步建设工程监理的知识体系。

建设工程监理不断向法律化、程序化、制度化、规范化发展,建设工程监理制度已经成为我国工程建设领域的主要组成部分,逐步形成了建设单位、施工单位和监理单位三方鼎立的格局。20世纪80年代监理制度在发展中国家得到充分发展,国际金融机构也把实行建设工程监理作为提供贷款的必备条件,建设工程监理处必循的制度。

1.2.2 我国建设工程监理发展

中华人民共和国成立后,长期实行计划经济,企业的所有权和经营权不分,投资和工程项目均属国家。参加工程建设的各方业主、设计、施工单位不是独立的生产经营者,通常是政府直接支配建设投资和进行建设管理,人们在计划经济的指令下开展建设活动,在工程管理上采用建设单位自筹自管。

随着改革开放,我国的建设需要外部进行投资,在引进投资时,世界银行、亚洲银行等国际金融组织,统统把依据国际通行做法进行工程项目的招标和监理作为贷款的必要条件。1982年云南省、贵州省边界的鲁布革水电站工程准备引进世行贷款，在当时是我国第一次引进外资，按照世界银行的要求实行全球范围内公开招标，结果，日本大成公司以低于标底43%的标价中标，但日本大成公司并没有带工人进行施工，只有30个人的项目管理团队进驻项目部，施工人员雇佣我国水电十四局的500名职工。在建设过程中，施工过程中大成公司采用国际通行的工程监理制和项目法人责任制等管理模式，建设工期缩短3个月，还创造了我国当时水电施工的新纪录，涵洞当年开工当年建成，工程质量全部为优良。鲁布革水电工程建设创造了工期、劳动生产率和工程质量3项全国纪录，其工程建设的管理方式以及取得的成效在全国引起很大震动，形成"鲁布革冲击波"或者"鲁布革效应"，并受到国务院领导的关注。国务院成立专门研究机构进行研究，并多次到新加坡、欧洲进行考察，从而确定我国在水电工程、铁路工程、建筑工程等领域率先试点推行建设工程监理制。1983年我国开始实行工程质量监督制度。1984年9月国务院颁发的《关于改革建筑业和基本建设管理体制若干问题的暂行规定》，明确提出了改变工程质量监督制度，建立有权威的工程质量监督机构。1988年，随着我国土木建筑行业管理体制的深化改革和按照国际惯例组织工程建设的需要，国务院做出了在土木工程建筑领域实施工程监理的决定。1988年上半年，新组建的国家建设部成立了建设监理司，其主要职责是指导和管理全国的建设监理工作。1988年7月25日，建设部颁发《关于开展建设监理工作的通知》。1988年年底，北京、上海、天津、沈阳、南京、哈尔滨、宁波、深圳等市和能源部、交通部等建设主管部门，开始进行监理试点工作。1989年7月28日，建设部颁发了我国开展建设监理工作的第一个政策性文件——《建设监理试行规定》。

1992年开始，在总结试点城市建设监理经验的基础上，建设监理制度逐步向全国大、中城市推广实施。国家有关部门颁发了《关于发布工程建设监理费有关规定的通知》（1992年9月8日）、《工程建设监理单位资质管理试行办法》（1992年1月18日）、《监理工程师资格考试和注册试行办法》（1992年6月4日）等规定，逐步完善了建设监理的政策法规体系，从而保证了建设监理制的推行和健全。1993年7月27日中国建设监理协会在北京成立，标志着我国又一个新的行业诞生。到1995年底，全国29个省、自治区、直辖市和国务院39个部门推行了建设监理制度。1995年12月，国家建设部、国家计委正式颁布了《工程建设监理规定》，同时宣布废止建设部1989年7月颁布的《建设监理试行规定》。1997年11月1日第八届全国人民代表大会常务委员会第二十八次会议通过的《中华人民共和国建筑法》明确规定"国家推行建筑工程监理制度"，从法律上确定了我国试行建设监理制度。2000年1月30日朱镕基总理签发中华人民共和国国务院第279号令，发布《建设工程质量管理条例》，其中明确了工程监理单位的质量责任和义务。2000年国家技术监督局和建设部联合发布了国家标准《建设工程监理规范》（GB 50319—2000）。2001年1月17日，建设部发布第86号令《建设工程监理范围和规模标准规定》。2001年8月23日建设部第47次常务会议通过《工程监理企业资质管理规定》，并于8月29日以建设部第102号令予以发布施行。2003年2月13日，建设部〔2003〕第30号文件《关于培育发展工程总承包和工程项目管理企业的指导意见》出台，鼓励大型设计、施工、监理等企业与国际大型工程公司以合资或合作的方式，组建国际性工程公司或项目管理公司，参加国际竞争。同时废止1992年11月17日建设部颁布的《设计单位进行工程总承包资格管理的有关规定》（建设部〔1992〕805号）。2004年11月16日建设部颁布了《建设工程项目管理试行办法》，为全面推行建设工程项目管理铺平道路。

1.2.3 林业工程监理发展

林业工程监理相对于其他工程实行监理制较晚。1999年，我国相继启动六大林业重点工程，国家开始加大对林业的投资。2003年6月，中共中央、国务院作出了《关于加快林业发展的决定》，明确提出"确立以生态建设为主的林业可持续发展道路，建立以森林植物为主体，林木结合的国土生态安全体系，建设山川秀美的生态文明社会"，把"生态建设""生态安全""生态文明"确立为国家发展的重大战略。国家对林业的投资逐年增加，如何保证使用好国家投资，同时又确保林业生态工程建设质量成为林业管理部门亟待解决的问题。

1999年国务院颁布《全国生态环境建设规划》，在规划中明确规定生态环境建设工程严格执行国家基本建设程序，提出在生态环境建设工程中要逐步引入工程监理制度，加强建设治理管理，确保工程的质量。2000年国家计划委员会等部门联合颁发的《国家生态环境建设项目管理办法》，提出了进行生态工程监理的要求。国家林业局2002年颁发的《造林质量管理暂行办法》提出"严管林、慎用钱、质为先"的造林质量管理工作方针，同年又出台了《林业生态工程建设监理暂行办法》，对于大型林业生态建设工程进行监理。林业工程项目建设从此也有了建设工程质量规范性监理的法律依据。

山西省地处黄河中游，黄土高原东缘，生态地位重要，生态基础脆弱。山西省第九次森林资源清查数据显示，全省森林面积 $321 \times 10^4 hm^2$，森林覆盖率20.50%；活立木总蓄积 $14\,779 \times 10^4\,m^3$，森林蓄积 $12\,923 \times 10^4 m^3$；天然林面积 $140 \times 10^4 hm^2$，天然林蓄积 $8\,838 \times 10^4 m^3$；人工林面积 $156 \times 10^4 hm^2$，人工林蓄积 $4\,085 \times 10^4 m^3$。"十三五"期间，山西省预计将投入150亿元，实施天然林资源保护、三北防护林、京津风沙源治理、太行山绿化等国家重点林业工程，以及重点区域国土绿化、退耕还林、林业产业增效、森林质量提升、林业生态保护和林业扶贫攻坚等省级林业六大工程。到2025年，努力使森林覆盖率达到26%以上，经过一段时间的努力，达到30%以上。山西省提出的"塑造表里山河，生态美好壮丽形象"，让绿色成为美丽山西的底色，进一步加快国土绿化步伐，让荒山披上绿装，把塌陷的土地修复好，把破坏的生态恢复好，让全省的天更蓝、山更绿、水更清、环境更优美，用绿色装点三晋大地，用绿色覆盖城乡，用绿色提升区域综合竞争力。如何使这些钱真正用在林业建设上，用好建设资金，山西省的林业监理工作者也在一直努力。

从2002年开始山西省不断派出人员参加国家营造林监理员培训，并于2005年、2007年、2010年先后3次承办5期国家林业局营造林监理员培训工作，目前山西省取得国家林业局营造林监理员资格4000多人，通过省人社厅鉴定的180多人。2007年山西省被国家林业局列为林业工程监理试点省。从2009年开始山西省开始组织造林绿化监理工程师培训和考试，目前已举办三期共有1500人获得山西省造林绿化监理工程师资格。2005年开始造林绿化工程监理资格认证，目前全省共有绿化工程监理资质的企业178家。

1.2.4 园林工程监理发展

长期以来，我国园林绿化行政隶属于建设行政主管部门，园林工程建设监理也随着建筑工程监理同时开展，但按照工程性质和技术特点把园林工程监理进行归类时产生分歧。2001年1月17日，建设部发布第86号令《建设工程监理范围和规模标准规定》，2001年8月23日建设部第四十七次常务会议通过《工程监理企业资质管理规定》，这两个文件把园林工程监理划归到第七大类林业及生态工程类，但园林从业者并不认可，一直争取要归属城市建设工程大类，2007年3月30日发改委、建设部颁布《建设工程监理与相关服务费管理规定》〔2007〕670号是把园林工程监理划归到城市建设工程大类市政公用工程小类。

园林工程监理开始较晚，1996年开始试行，1999年建设部颁布《城市绿化工程施工及验收标准》，作为行业标准在园林工程监理中被广泛采用。园林工程的特点是综合性、艺术性和独特性，内容多样化、复杂化，工程规模日趋大型化，园林工程与土木、建筑、市政、灯光及其他工程协同作业日趋增多，园林绿化工程还涉及美学、艺术、文学等相关领域，其艺术文化内涵逐步提高，此外还具有施工方法不一、质量要求不一、季节性强、受自然条件影响大等特点，因而施工项目的质量比一般工程项目的质量更难以控制。这就要求工程监理单位具备较高的业务水平。

史海拾忆

鲁布革案例

鲁布革原本仅是一个名不见经传的布依族小山寨，距罗平县城约有46公里，它坐落在云贵两省界河——黄泥河畔的山梁上。"鲁布革"是布依族语的汉语读音。"鲁"是民族的意思，"布"是山青水秀的意思，"革"是村寨的意思，"鲁布革"的意思就是山青水秀的布依族村寨。它的名声远播缘起兴建鲁布革水电站。

鲁布革水电站位于云南省罗平县与贵州省兴义市交界的黄泥河下游河段。

1981年6月，国家批准建设装机60万kW的鲁布革水电站，并被列为国家重点工程。鲁布革工程原由水利水电部十四工程局负责施工，开工3年后(1984年4月)，决定鲁布革工程采用世界银行贷款来建设。当时正值改革开放的初期，鲁布革工程是我国第一个利用世界银行贷款的基本建设项目。但是根据与世界银行的协议，工程三大部分之一——引水隧洞工程必须进行国际招标。在中国、日本、挪威、意大利、美国、德国、前南斯拉夫、法国8国承包商的竞争中，日本大成公司以比中国与外国公司联营体投标价低3600万元而中标。大成公司报价8463万元，而引水隧洞工程标底为14 958万元，比标底大大低了43%！大成公司派到中国来的仅是一支30人的管理队伍，从中国水利水电部十四工程局雇了424名劳动工人。他们开挖23个月，单头月平均进尺222.5m，相当于我国同类工程的2～2.5倍；在开挖直径8.8m的圆形发电隧洞中，创造了单头进尺373.7m的国际先进纪录。1986年10月30日，隧洞全线贯通，工程质量优良，工期比合同计划提前了5个月。

相形之下，水利水电部十四工程局承担的首部枢纽工程由于种种原因，进度迟缓。世界银行特别咨询团1984年4月、1985年5月两次来工地考察，都认为按期截流难以实现。同样是一批人，两者的差距为何那么大？此时，长期沿用"苏联老大哥"的"自营制"模式的中国水电建设企业意识到这样的奇迹产生于好的机制，高效益来自于科学的管理。他们将这种科学的管理方式演绎为"项目法施工"。项目法施工是以工程建设项目为对象，以项目经理负责制为基础，以企业内部决策层、管理层与作业层相对分离为特性，以内部经济承包为纽带，实行动态管理和生产要素优化，从施工准备开始直至交工验收结束的一次性的施工管理活动。

1985年11月，在强烈冲击下，经水利水电部上报国务院批准，鲁布革工程厂房工地开始试行外国先进管理方法。水利水电部十四工程局在鲁布革地下厂房施工中率先进行项目法施工的尝试。参照日本大成公司鲁布革事务所的建制，他们建立了精干的指挥机构，使用配套的先进施工机械，优化施工组织设计，改革内部分配办法，产生了我国最早的"项目法施工"雏形。通过试点，提高了劳动生产力和工程质量，加快了施工进度，取得显著效果。在建设过程中，水利电力部还实行了国际通行的工程监理制（工程师制）和项目法人负责制等管理办法，取得了投资省、工期短、质量好的经济效果。到1986年年底，13个月中，不仅把耽误的3个月时间抢了回来，还提前4个半月结束了开挖工程，安装车间混凝土提前半年完成。

国务院领导视察工地时说："看来同大成的差距，原因不在工人，而在于管理，中国工人可以出高效率。"在计划经济体制下，基本建设战线长期处于"投资大、工期长、见效慢"的被动局面，而鲁布革工程无论是造价、工期还是质量都达到了合同要求。一石激起千层浪，鲁布革工程在行业内引起轩然大波，对我国施工建设管理造成巨大震撼。党中央、国务院领导极为重视，要求国家计委施工局对鲁布革管理经验进行全面总结。

1987年6月3日，时任国务院副总理的李鹏在全国施工工作会议上以《学习鲁布革经验》为题，发表了重要讲话，要求建筑行业推广鲁布革经验。

1987年8月6日，《人民日报》头版头条刊登了著名记者杨飏写的通讯《鲁布革冲击》，"鲁布革冲击波"冲击着全中国，引起广泛关注，影响深远。

鲁布革水电工程是我国在20世纪80年代初期实施的，是具有里程碑意义的基本建设管理体制改革的试点工程。鲁布革工程利用世界银行贷款，对部分工程实行国际竞争性招标，在全国率先实行项目管理，以"鲁布革冲击"和"鲁布革经验"在全国建筑行业及工程项目管理领域产生了巨大影响。

"鲁布革冲击波"，对我国建筑业的影响和震撼是空前的。它对我国传统的投资体制、施工管理模式乃至国企组织结构等都提出了挑战。而对于中国项目管理发展而言这是一个划时代的事件，开启了真正意义上的中国项目管理时代的元年。

课后练习

1. 建设工程监理的性质是什么？
2. 建设工程监理的依据是什么？
3. 建设工程监理的内容是什么？
4. 简述林业工程监理的特点。

单元 2 建设工程监理人员

单元概述

建设工程监理人员是建设工程监理工作中的灵魂元素，是建设工程监理项目能否顺利进行的保障。本模块主要介绍建设工程监理人员分类、素质要求，各级监理人员的职责、资格的取得，监理人员的行为规范与管理。

知识目标

(1) 正确理解监理人员分类、概念和素质。
(2) 正确理解各级监理人员的职责。
(3) 熟练陈述各级监理人员资格取得方法。
(4) 掌握监理人员职业守则与处罚规定。

技能目标

(1) 具有办理注册监理工程师考试报名、注册以及继续教育的能力。
(2) 具有办理山西省监理员、监理工程师培训报名、考试、注册的能力。
(3) 具有办理国家营造林监理员培训报名、注册的能力。

课时建议

4 课时。

2.1 建设工程监理人员

2.1.1 建设工程监理人员分类

项目监理机构的监理人员应由总监理工程师、专业监理工程师和监理员组成，且专业配套、数量应满足建设工程监理工作需要，必要时可设总监理工程师代表。

(1) 总监理工程师

总监理工程师是由工程监理单位法定代表人书面任命，负责履行建设工程监理合同、主持项目监理机构工作的注册监理工程师。

(2) 总监理工程师代表

总监理工程师代表是经工程监理单位法定代表人同意，由总监理工程师书面授权，代表总监理工程师行使其部分职责和权力，具有工程类注册执业资格或具有中级及以上专业技术职称、3 年及以上工程实践经验并经监理业务培训的人员。

(3) 专业监理工程师

专业监理工程师是由总监理工程师授权，负责实施某一专业或某一岗位的监理工作，有相应监理文件签发权，具有工程类注册执业资格或具有中级及以上专业技术职称、2年及以上工程实践经验并经监理业务培训的人员。

(4) 监理员

监理员是从事具体监理工作，具有中专及以上学历并经过监理业务培训的人员。

2.1.2 建设工程监理人员的任职条件及素质要求

(1) 建设工程监理人员任职条件

①总监理工程师　获得国家注册监理工程师资格，从事相关行业监理工作10年以上，有在大、中型工程项目任职经历。

②总监理工程师代表　获得国家注册监理工程师资格，从事相关行业监理工作7年以上，有在中型工程项目任职经历。

③监理工程师　获得国家注册监理工程师资格，从事相关行业监理工作5年以上，有在同类工程项目任职经历。

④监理员　获得行业或地方监理员资格，从事相关行业监理工作2年以上。

(2) 建设工程监理人员素质要求

建设工程监理人员不仅要有一定的工程技术或工程经济方面的专业知识、较强的专业技术能力，能够对工程建设进行监督管理，提出指导性的意见，而且要有一定的组织协调能力，能够组织、协调工程建设有关各方共同完成工程建设任务。这些工作对监理工程师的素质提出较高要求。

①较高的专业学历和复合型的知识结构　作为一名监理工程师至少应掌握一种工程建设专业理论知识。所以，要成为一名监理工程师，至少应具有工程类大专以上学历，并应了解或掌握一定的工程建设经济、法律和组织管理等方面的理论知识，不断了解新技术、新设备、新材料、新工艺，熟悉与工程建设相关的现行法律、法规、政策规定，成为一专多能的复合型人才，持续保持较高的知识水准。

②丰富的工程建设实践经验　监理工作具有很强的实践性特点，实践经验是监理工程师的重要素质之一。工程建设中的实践经验主要包括立项评估、地质勘测、规划设计、工程招标投标、工程设计及设计管理、工程施工及施工管理、工程监理、设备制造等方面的实践工作经验。

③良好的品德　监理工程师的良好品德主要体现在以下几个方面：热爱本职工作；具有科学的工作态度；具有廉洁奉公、为人正直、办事公道的高尚情操；能够听取不同方面的意见，冷静分析问题。

④健康的体魄和充沛的精力　尽管建设工程监理是一种高智能的技术服务，以脑力劳动为主，但是，也必须具有健康的身体和充沛的精力，才能胜任繁忙、严谨的监理工作。尤其在建设工程施工阶段，由于露天作业，工作条件艰苦，工期往往紧迫，业务繁忙，更需要有健康的身体。我国对年满65周岁的监理工程师不再进行注册，主要就是考虑监理从业人员身体健康状况的适应能力而设定的条件。

2.2 建设工程监理人员职责

2.2.1 总监理工程师

总监理工程师应履行下列职责：
①确定项目监理机构人员及其岗位职责。
②组织编制监理规划，审批监理实施细则。
③根据工程进展及监理工作情况调配监理人员，检查监理人员工作。
④组织召开监理例会。
⑤组织审核分包单位资格。
⑥组织审查施工组织设计、(专项)施工方案。
⑦审查工程开复工报审表，签发工程开工令、暂停令和复工令。
⑧组织检查施工单位现场质量、安全生产管理体系的建立及运行情况。
⑨组织审核施工单位的付款申请，签发工程款支付证书，组织审核竣工结算。
⑩组织审查和处理工程变更。
⑪调解建设单位与施工单位的合同争议，处理工程索赔。
⑫组织验收分部工程，组织审查单位工程质量检验资料。
⑬审查施工单位的竣工申请，组织工程竣工预验收，组织编写工程质量评估报告，参与工程竣工验收。
⑭参与或配合工程质量安全事故的调查和处理。
⑮组织编写监理月报、监理工作总结，组织整理监理文件资料。

2.2.2 总监理工程师代表

总监理工程师不得将下列工作委托给总监理工程师代表：
①组织编制监理规划，审批监理实施细则。
②根据工程进展及监理工作情况调配监理人员。
③组织审查施工组织设计、(专项)施工方案。
④签发工程开工令、暂停令和复工令。
⑤签发工程款支付证书，组织审核竣工结算。
⑥调解建设单位与施工单位的合同争议，处理工程索赔。
⑦审查施工单位的竣工申请，组织工程竣工预验收，组织编写工程质量评估报告，参与工程竣工验收。
⑧参与或配合工程质量安全事故的调查和处理。

2.2.3 专业监理工程师

专业监理工程师应履行下列职责：
①参与编制监理规划，负责编制监理实施细则。
②审查施工单位提交的涉及本专业的报审文件，并向总监理工程师报告。
③参与审核分包单位资格。

④指导、检查监理员工作，定期向总监理工程师报告本专业监理工作实施情况。
⑤检查进场的工程材料、构配件、设备的质量。
⑥验收检验批、隐蔽工程、分项工程，参与验收分部工程。
⑦处置发现的质量问题和安全事故隐患。
⑧进行工程计量。
⑨参与工程变更的审查和处理。
⑩组织编写监理日志，参与编写监理月报。
⑪收集、汇总、参与整理监理文件资料。
⑫参与工程竣工预验收和竣工验收。

2.2.4　监理员

监理员应履行下列职责：
①检查施工单位投入工程的人力、主要设备的使用及运行状况。
②进行见证取样。
③复核工程计量有关数据。
④检查工序施工结果。
⑤发现施工作业中的问题，及时指出并向专业监理工程师报告。

2.3　监理人员资格的取得

2.3.1　监理工程师考试

自1997年起，在全国举行监理工程师执业资格考试，并将此项工作纳入全国专业技术人员执业资格制度实施规划。

(1) 报考监理工程师的条件

①凡是中华人民共和国公民，遵纪守法，具有工程技术或工程经济专业大专以上(含大专)学历，并符合下列条件之一者，可申请参加监理工程师执业资格考试。

②凡是具备按照国家有关规定评聘的工程技术或工程经济专业高、中级专业技术职称，且取得中级专业技术职称后任职3年以上的实际工作经历者。

③在全国监理工程师注册管理机关认定的培训单位，经过监理业务培训，取得培训结业证书。

凡参加监理工程师执业资格考试者，由本人提出申请，所在单位推荐，持报名表到所在地区考试管理机构报名，经审查批准后，方可参加考试。

监理工程师执业资格考试合格者，由各省、自治区、直辖市人事部门颁发人力资源和社会保障部(以下简称人社部)统一印制、人社部和住房和城乡建设部(以下简称住建部)共同盖印的《中华人民共和国监理工程师执业资格证书》，该证书在全国范围内有效。

(2) 考试时间、科目及考场设置

①监理工程师执业资格考试实行全国统一大纲、统一命题、统一组织、闭卷考试、分科计分、统一标准录取的方法，每年举行一次考试。

②考试科目为《建设工程监理基本知识和相关法规》《工程建设合同管理》《工程建设质

量、进度、投资控制》《建设工程监理案例分析》。

2.3.2 监理工程师的注册与管理

监理工程师注册制度是政府对监理从业人员实行市场准入控制的有效手段。监理人员经注册，即表明获得了政府对其以监理工程师名义从业的行政许可，因而具有相应工作岗位的责任和权力。仅取得《监理工程师执业资格证书》，没有取得《监理工程师注册证书》的人员，则不具备这些权力，也不承担相应的责任。这意味着，即使取得监理工程师资格，由于不在监理单位工作，或者暂时不能胜任监理工程师的工作，或者为了控制监理工程师队伍的规模和专业结构等原因，均可以不予注册。总而言之，实行监理工程师注册制度，是为了建立一支适应工程建设监理工作需要的、高素质的监理队伍，是为了维护监理工程师岗位的严肃性。

(1) 申请注册监理工程师者应具备下列条件
①热爱祖国，拥护社会主义制度，遵纪守法，遵守职业道德。
②已取得《监理工程师执业资格证书》。
③在监理单位执业，并能胜任担负监理工作。
④身体健康，能适应工程建设现场监理工作的需要。
⑤符合监理专业结构中的合理、配套、规格适中的监理队伍的需要。

(2) 申请与注册
①申请监理工程师注册，要提供的材料 监理工程师注册申请表；《监理工程师执业资格证书》；其他有关资料。
②申请监理工程师注册的程序 申请者向聘用单位提出申请；聘用单位同意后，连同上述材料由聘用单位向所在省、自治区、直辖市人民政府建设行政主管部门提出申请；省、自治区、直辖市人民政府建设行政主管部门审查合格后，报国务院建设行政主管部门；国务院建设行政主管部门对初审意见进行审核，对符合条件者准予注册，并颁发《监理工程师注册证书》和执业印章。执业印章由监理工程师本人保管。

国务院建设行政主管部门对监理工程师注册每年定期集中审批一次，并实行公示、公告制度，对经公示未提出异议的予以批准注册。

初始注册者，可自资格证书签发之日起 3 年内提出申请。逾期未申请者，须符合继续教育的要求后方可申请初始注册。

2.4 监理工程师的管理

2.4.1 监理工程师的执业守则

(1) 职业道德准则
监理工程师在实施监理的过程中，应本着"严格监理、热情服务、秉公办事、一丝不苟、廉洁自律"的监理原则进行监理，并要遵守以下职业准则：
①坚持公开、公正、公平、诚信的原则，不损害国家和集体利益，不违反工程建设管理规章制度。尽职尽责、兢兢业业地执行监理工作。
②建立健全廉政制度，开展廉政教育，设立廉政告示牌，监督并认真查处违法违纪

行为。

③不接受任何其他商业性委托，不泄露工程和业主的秘密，忠实履行职责，对业主负责。不在同一项目中既做监理又做承包人的商业咨询，不泄露技术情报，不接受任何回扣、提成或其他间接报酬。不得接受承包人的请客送礼，不得介绍施工队、民工在本工程中分包或转包，不做有损业主利益和影响公正的事情。

④当其认为正确的判断和建议被建设方否决时，应及时向建设方说明可能产生的后果。

⑤当认为业主的意见或判断不可能成功时，应向业主提出劝告。

⑥当证明监理的判断是错误时，要勇于承认错误，及时更正错误。

⑦当监理工作涉及业主和承包人双方合法利益时，应按照合同规定，在授权范围内实事求是地进行处理。

（2）执业守则

①维护国家的荣誉和利益，按照"守法、诚信、公正、科学"的准则执业。

②执行有关工程建设的法律、法规、规范、标准和制度、履行监理合同规定的义务和职责。

③努力学习专业技术和建设监理知识，不断提高业务能力和监理水平。

④不以个人名誉承揽监理业务。

⑤不同时在两个或两个以上监理单位注册和从事监理活动，不在政府部门和施工、材料设备的生产供应等单位兼职。

⑥不为所监理项目指定承建商、建筑构配件、设备、材料和施工方法。

⑦不收受被监理单位的任何礼金。

⑧不泄露所监理工程各方认为需要保密的事项。

⑨坚持独立自主地开展工作。

2.4.2 注册监理工程师的权利

注册监理工程师享有以下权利：
①使用注册监理工程师称谓。
②在规定范围内从事执业活动。
③依据本人能力从事相应的执业活动。
④保管和使用本人的注册证书和执业印章。
⑤对本人执业活动进行解释和辩护。
⑥接受继续教育。
⑦获得相应的劳动报酬。
⑧对侵犯本人权利的行为进行申诉。

2.4.3 注册监理工程师的义务

注册监理工程师应当履行下列义务：
①遵守法律、法规和有关管理规定。
②履行管理职责，执行技术标准、规范和规程。

③保证执业活动成果的质量，并承担相应责任。
④接受继续教育，努力提高执业水准。
⑤在本人执业活动所形成的工程监理文件上签字、加盖执业印章。
⑥保守在执业中知悉的国家秘密和他人的商业、技术秘密。
⑦不得涂改、倒卖、出租、出借或者以其他形式非法转让注册证书或者执业印章。
⑧不得同时在两个或者两个以上单位受聘或者执业。
⑨在规定的执业范围和聘用单位业务范围内从事执业活动。
⑩协助注册管理机构完成相关工作。

2.4.4 注册监理工程师的处理

①注册监理工程师在执业活动中有下列行为之一的，由县级以上地方人民政府建设主管部门给予警告，责令其改正，没有违法所得的，处以1万元以下罚款，有违法所得的，处以违法所得3倍且不超过3万元的罚款；造成损失的，依法承担赔偿责任；构成犯罪的，依法追究刑事责任：

  a. 以个人名义承接业务的。
  b. 涂改、倒卖、出租、出借或者以其他形式非法转让注册证书或者执业印章的。
  c. 泄露执业中应当保守的秘密并造成严重后果的。
  d. 超出规定执业范围或者聘用单位业务范围从事执业活动的。
  e. 弄虚作假提供执业活动成果的。
  f. 同时受聘于两个或者两个以上的单位，从事执业活动的。
  g. 其他违反法律、法规、规章的行为。

②有下列情形之一的，国务院建设主管部门依据职权或者根据利害关系人的请求，可以撤销监理工程师注册：

  a. 工作人员滥用职权、玩忽职守颁发注册证书和执业印章的。
  b. 超越法定职权颁发注册证书和执业印章的。
  c. 违反法定程序颁发注册证书和执业印章的。
  d. 对不符合法定条件的申请人颁发注册证书和执业印章的。
  e. 依法可以撤销注册的其他情形。

③县级以上人民政府建设主管部门的工作人员，在注册监理工程师管理工作中，有下列情形之一的，依法给予处分；构成犯罪的，依法追究刑事责任：

  a. 对不符合法定条件的申请人颁发注册证书和执业印章的。
  b. 对符合法定条件的申请人不予颁发注册证书和执业印章的。
  c. 对符合法定条件的申请人未在法定期限内颁发注册证书和执业印章的。
  d. 对符合法定条件的申请不予受理或者未在法定期限内初审完毕的。
  e. 利用职务上的便利，收受他人财物或者其他好处的。
  f. 不依法履行监督管理职责，或者发现违法行为不予查处的。

 **案例分析**

在太原市西山林业工程建设过程中，×××监理公司受业主的委托，进行2017年绿化工程监理，该工程乙承包单位负责施工。在施工中，乙承包单位因未采购到设计要求的绿化品种树苗，便口头向驻地监理工程师提出更换另一品种，监理工程师认为采购设计品种有困难，且更换的品种与设计品种在树形美观上、价格上相差不大，便同意了乙承包单位更换品种的请求。

问题：
（1）该监理工程师的做法妥当吗？请说明理由。
（2）如果您是该项目监理工程师，遇到此种情况时，会如何处理？

 **课后练习**

1. 如何获得监理工程师资格？
2. 如何成为一名优秀的监理工程师？

单元 3　建设工程监理单位

单元概述

建设工程监理单位是建设工程监理工作的重要组成部分，是建设工程监理的主体，是监理人员的组织机构。本模块主要介绍建设工程监理单位的注册及资质管理，建设工程监理企业运营管理。

知识目标

(1) 正确理解监理企业的资质等级。
(2) 正确理解监理企业的资质管理。
(3) 熟练掌握监理企业的运营管理程序。

技能目标

(1) 具有办理监理企业的资质的能力。
(2) 具有理解监理企业的资质管理的能力。
(3) 具有监理企业的运营管理程序的能力。

课时建议

2 课时。

3.1　工程监理企业

3.1.1　工程监理企业的概念

工程监理单位是依法成立并取得建设主管部门颁发的工程监理企业资质证书，从事建设工程监理与相关服务活动的服务机构。

3.1.2　工程监理企业的组织形式

目前，承担造林绿化工程监理业务的单位主要有 3 类：

①专门成立的林业绿化工程咨询或监理公司。由于要求监理单位是具有独立法人的单位，要有工商注册的营业许可证，原来的林业调查队等单位大多不具备这些条件，只有专门注册成立咨询或监理公司，才能申请资质，按独立企业运作。

②在原监理单位增加造林绿化工程监理业务范围。

③在原林业工程或者园林绿化工程施工单位基础上增加林业工程监理任务范围。

3.2 工程监理企业的资质与管理

3.2.1 工程监理资质

工程监理企业资质分为综合资质、专业资质和事务所资质。其中，专业资质按照工程性质和技术特点划分为若干工程类别。综合资质、事务所资质不分级别。专业资质分为甲级、乙级，其中，房屋建筑、水利水电、公路和市政公用专业资质可设立丙级。

3.2.1.1 综合资质标准

①具有独立法人资格且注册资本不少于600万元。

②企业技术负责人应为注册监理工程师，并具有15年以上从事工程建设工作的经历或者具有工程类高级职称。

③具有5个以上工程类别的专业甲级工程监理资质。

④注册监理工程师不少于60人，注册造价工程师不少于5人，一级注册建造师、一级注册建筑师、一级注册结构工程师或者其他勘察设计注册工程师合计不少于15人次。

⑤企业具有完善的组织结构和质量管理体系，有健全的技术、档案等管理制度。

⑥企业具有必要的工程试验检测设备。

⑦申请工程监理资质之日前一年内没有《工程监理企业资质管理规定》第十六条禁止的行为。

⑧申请工程监理资质之日前一年内没有因本企业监理责任造成重大质量事故。

⑨申请工程监理资质之日前一年内没有因本企业监理责任发生三级以上工程建设重大安全事故或者发生两起以上四级工程建设安全事故。

3.2.1.2 专业资质标准

(1) 甲级

①具有独立法人资格且注册资本不少于300万元。

②企业技术负责人应为注册监理工程师，并具有15年以上从事工程建设工作的经历或者具有工程类高级职称。

③注册监理工程师、注册造价工程师、一级注册建造师、一级注册建筑师、一级注册结构工程师或者其他勘察设计注册工程师合计不少于25人次；其中，相应专业注册监理工程师不少于《专业资质注册监理工程师人数配备表》中要求配备的人数，注册造价工程师不少于2人。

④企业近2年内独立监理过3个以上相应专业的二级工程项目，但是，具有甲级设计资质或一级及以上施工总承包资质的企业申请本专业工程类别甲级资质的除外。

⑤企业具有完善的组织结构和质量管理体系，有健全的技术、档案等管理制度。

⑥企业具有必要的工程试验检测设备。

⑦申请工程监理资质之日前一年内没有《工程监理企业资质管理规定》第十六条禁止的行为。

⑧申请工程监理资质之日前一年内没有因本企业监理责任造成重大质量事故。

⑨申请工程监理资质之日前一年内没有因本企业监理责任发生三级以上工程建设重大安全事故或者发生两起以上四级工程建设安全事故。

(2) 乙级

①具有独立法人资格且注册资本不少于 100 万元。

②企业技术负责人应为注册监理工程师，并具有 10 年以上从事工程建设工作的经历。

③注册监理工程师、注册造价工程师、一级注册建造师、一级注册建筑师、一级注册结构工程师或者其他勘察设计注册工程师合计不少于 15 人次。其中，相应专业注册监理工程师不少于《专业资质注册监理工程师人数配备表》中要求配备的人数，注册造价工程师不少于 1 人。

④有较完善的组织结构和质量管理体系，有技术、档案等管理制度。

⑤有必要的工程试验检测设备。

⑥申请工程监理资质之日前一年内没有《工程监理企业资质管理规定》第十六条禁止的行为。

⑦申请工程监理资质之日前一年内没有因本企业监理责任造成重大质量事故。

⑧申请工程监理资质之日前一年内没有因本企业监理责任发生三级以上工程建设重大安全事故或者发生两起以上四级工程建设安全事故。

(3) 丙级

①具有独立法人资格且注册资本不少于 50 万元。

②企业技术负责人应为注册监理工程师，并具有 8 年以上从事工程建设工作的经历。

③相应专业的注册监理工程师不少于《专业资质注册监理工程师人数配备表》中要求配备的人数。

④有必要的质量管理体系和规章制度。

⑤有必要的工程试验检测设备。

3.2.1.3 事务所资质标准

①取得合伙企业营业执照，具有书面合作协议书。

②合伙人中有 3 名以上注册监理工程师，合伙人均有 5 年以上从事建设工程监理的工作经历。

③有固定的工作场所。

④有必要的质量管理体系和规章制度。

⑤有必要的工程试验检测设备。

3.2.2 工程监理企业资质相应许可的业务范围

①综合资质　可以承担所有专业工程类别建设工程项目的工程监理业务。

②专业甲级资质　可以承担相应专业工程类别建设工程项目的工程监理业务。

③专业乙级资质　可以承担相应专业工程类别二级以下（含二级）建设工程项目的工程监理业务。

④专业丙级资质　可以承担相应专业工程类别三级建设工程项目的工程监理业务。

⑤事务所资质　可以承担三级建设工程项目的工程监理业务，但是，国家规定必须实行强制监理的工程除外。

3.2.3 资质申请和审批

(1) 申请部门

申请综合资质、专业甲级资质的，应当向企业工商注册所在地的省、自治区、直辖市人民政府建设主管部门提出申请。

省、自治区、直辖市人民政府建设主管部门应当自受理申请之日起 20 日内初审完毕，并将初审意见和申请材料报国务院建设主管部门。

国务院建设主管部门应当自省、自治区、直辖市人民政府建设主管部门受理申请材料之日起 60 日内完成审查，公示审查意见，公示时间为 10 日。其中，涉及铁路、交通、水利、通信、民航等专业工程监理资质的，由国务院建设主管部门送国务院有关部门审核。国务院有关部门应当在 20 日内审核完毕，并将审核意见报国务院建设主管部门。国务院建设主管部门根据初审意见审批。

专业乙级、丙级资质和事务所资质由企业所在地省、自治区、直辖市人民政府建设主管部门审批。

专业乙级、丙级资质和事务所资质许可延续的实施程序由省、自治区、直辖市人民政府建设主管部门依法确定。

省、自治区、直辖市人民政府建设主管部门应当自作出决定之日起 10 日内，将准予资质许可的决定报国务院建设主管部门备案。

(2) 申请工程监理企业资质，应当提交以下材料

①工程监理企业资质申请表（一式三份）及相应电子文档。

②企业法人、合伙企业营业执照。

③企业章程或合伙人协议。

④企业法定代表人、企业负责人和技术负责人的身份证明、工作简历及任命（聘用）文件。

⑤工程监理企业资质申请表中所列注册监理工程师及其他注册执业人员的注册执业证书。

⑥有关企业质量管理体系、技术和档案等管理制度的证明材料。

⑦有关工程试验检测设备的证明材料。

取得专业资质的企业申请晋升专业资质等级或者取得专业甲级资质的企业申请综合资质的，除前面规定的材料外，还应当提交企业原工程监理企业资质证书正、副本复印件，企业《监理业务手册》及近 2 年已完成代表工程的监理合同、监理规划、工程竣工验收报告及监理工作总结。

3.2.4 建设工程监理企业资质管理

3.2.4.1 监理单位经营活动的基本原则

工程监理企业从事技术工程监理活动，应当遵循"守法、诚信、公正、科学"准则。

(1) 守法

守法即遵守国家法律、法规。对于工程监理企业守法就是依法经营，主要体现在：

①工程监理企业只能在核定的业务范围内开展经营活动。

②工程监理企业的业务范围是指填写在资质证书中、经工程监理资质管理部门审查确认的主项资质和增项资质。核定的业务范围包括两方面：一是监理业务的工程类别；二是承接监理工程的等级。

③工程监理企业不得伪造、涂改、出租、出借、转让、出卖《工程监理企业资质证书》。

④建设工程监理合同一经双方签订，即具有法律约束力，工程监理企业应按照合同的约定认真履行，不得无故或故意违背自己的承诺。

⑤工程监理企业离开原住所所在地承接监理业务，要自觉遵守当地人民政府颁发的监理法规和有关规定，主动向监理工程所在地的省、自治区、直辖市建设行政主管部门备案登记，接受其指导和监督管理。

(2) 诚信

诚信，即诚实信用。它要求一切市场参加者在不损害他人利益和社会公共利益的前提下，追求自己的利益，目的就是在当事人之间的利益关系和当事人与社会之间的利益关系中实现平衡，并维护市场道德秩序。诚信原则的主要作用在于指导当事人以善意的心态、诚信的态度行使民事权利，承担民事义务，正确地从事民事活动。

(3) 公正

公正是指工程监理企业在监理活动中既要维护业主的利益又不能损害承包商的合法利益，并依据合同公平合理地处理业主与承建商之间的矛盾和纠纷，要做到"一碗水端平"，要分清相互的责任和权利。

工程监理企业要做到公正，必须做到以下几点：

①要具有良好的职业道德。
②要坚持实事求是。
③要熟悉有关建设工程合同条款。
④要提高专业技术能力。
⑤要提高综合分析判断问题的能力。

(4) 科学

科学是指工程监理企业要依据科学方案，运用科学的手段，采取科学方法开展监理工作。工程监理工作结束后，还要进行科学地总结。实施科学化管理主要体现在：

①科学的方案　主要是指监理规划。在实施监理前，要尽可能准确地预测出各种可能的问题，有针对性地解决办法，制定出切实可行、行之有效的监理实施细则，使各项监理活动都纳入计划管理的轨道。

②科学的手段　实施工程监理必须借助于先进的科学仪器才能做好监理工作，如各种检测、试验、化验仪器、摄录像设备及计算机等。

③科学的方法　主要体现在监理人员在掌握大量的、确凿的有关监理对象及其外部环境实际情况的基础上，适时、妥善、高效地处理有关问题；解决问题要用事实说话，用书面材料说话，用数据说话；要开发利用计算机软件辅助工程监理。

3.2.4.2　监理单位资质的监督管理

(1) 监督管理

禁止法律、法规规定以外的其他资质、许可证等进入建设市场。

(2) 年检制

甲级工程监理企业资质由国务院建设行政主管部门负责年检。乙、丙级工程监理企业资质，由企业注册所在地省、自治区、直辖市人民政府建设行政主管部门负责年检。

(3) 建设企业资质年检程序

建设企业在规定的时间内向建设行政主管部门提交年检资料：《工程监理企业资质年检表》《工程监理企业资质证书》《监理业务手册》《企业法人营业执照》以及工程监理人员变化情况及其他有关资料，并交验《企业法人营业执照》。

建设行政主管部门会同有关部门在收到工程监理企业年检资料后40日内，对工程监理企业资质年检做出结论，并记录在《工程监理企业资质证书》副本的年检记录栏内。

① 年检内容　检查工程监理企业资质条件是否符合资质等级标准，是否存在质量、市场行为方面的违法、违规行为。

② 工程监理企业资质的结论　分为合格、基本合格、不合格3种。

工程监理企业资质条件符合资质等级标准，且在过去一年内未发生《工程监理企业资质管理规定》中违纪行为的，年检结论为合格。

工程监理企业资质条件中监理工程师注册人员数量、经营规模未达到资质标准，但不低于资质标准的80%，其他各项均达到资质标准要求，且在过去一年内未发生《工程监理企业资质管理规定》中违纪行为的，年检结论为基本合格。

有下列情形之一的，工程监理企业的资质年检结论为不合格：资质条件中监理工程师注册人员数量、经营规模未达到资质标准的80%，或者其他任何一项未达到资质等级标准；有《工程监理企业资质管理规定》中违纪行为的；已经按照法律、法规的规定予以降低资质等级处罚的行为，年检中不再重复追究。

(4) 建设监理企业资质升降级

工程监理企业资质年检为不合格或者连续2年年检基本合格，建设行政主管部门应当重新核定其资质等级。新核定的资质等级应低于原资质等级，达不到最低资质等级的，取消资质。工程监理企业资质年检连续2年年检合格，方可申请晋升上一个资质等级。降级的工程监理企业，经1年以上时间的整改，经建设行政主管部门核查确认，达到规定的资质标准，可重新申请原资质等级。

(5)《工程监理企业资质证书》管理

在规定时间内没有参加资质年检的工程监理企业，则其资质证书自行失效，且1年内不得重新申请资质。工程监理企业遗失《工程监理企业资质证书》，应当在公众媒体上公开声明作废。工程监理企业更换名称、地址、法人代表、技术负责人等，应在变更后1个月内，到原资质审批部门办理变更手续。

课后练习

1. 建设工程监理单位的资质等级分为哪些？
2. 简述建设工程监理单位的准则。

单元 4　建设工程控制与管理

单元概述

"三控制、两管理、一监管、一协调"是林业工程监理的主要工作，贯穿于项目监理的全过程。本单元主要介绍建设工程质量控制、进度控制、投资控制、安全监管、合同管理、信息管理以及协调各方关系的基本理论与方法。

知识目标

（1）正确理解建设工程质量控制、进度控制、投资控制、合同管理、信息管理目标。

（2）正确理解监理在建设工程安全监管中的作用。

（3）熟练掌握建设工程质量控制、进度控制、投资控制、合同管理、信息管理的方法。

技能目标

（1）具有建设工程质量控制、进度控制、投资控制、合同管理、信息管理的能力。

（2）具有建设工程安全监管中监理的能力。

（3）具有协调建设工程各参与方关系的能力。

课时建议

8 课时。

4.1　建设工程质量控制

4.1.1　质量控制目标

按照《建设工程监理规范》、施工设计、施工合同及造林技术规程对施工质量进行全面控制。建立全面的质量管理体系，强化施工单位自检管理，做好材料质量检验、工序质量验收和分项、分部工程验收，全面实现施工合同确定的质量目标。

4.1.2　质量控制措施

（1）审查施工单位和人员资质

施工单位进场后，监理单位将根据其投标承诺，核查其项目经理和主要人员是否与投标书上所报的一致，其施工队伍是否为该单位所属，审查其是否具有完成工程并确保其质量的技术能力及管理水平。

（2）全面掌握施工设计及有关技术规程

积极与设计人员沟通，熟悉施工设计和施工图，吃透设计意图，全面掌握相关技术标准和技术规程。

（3）审查施工单位提交的施工组织设计

监理工程师要对施工单位提交的施工组织设计进行认真的审查，重点是技术措施是否可靠，资源供应是否满足，在本工程现有的环境下是否具有可行性等。

（4）测量控制

检查复核施工现场的小班界限及造林面积。对照设计，用GPS卫星定位仪将造林小班确定下来，防止造林越界或落下造林地块。要做到界限清晰，面积准确。定点放线，按设计放线，密度符合设计要求，外观漂亮。

（5）督促施工单位建立质量保证体系和质量管理制度

督促施工单位建立质量保证体系和质量管理制度，包括完善质量检测技术和手段、现场质量检验制度、统计报表制度和质量事故报告及处理制度等。

（6）审核开工

监理单位在工程开工前，要对施工单位的现场各项施工准备进行检查，对工程进行了设计交底和图纸会审等。现场各项施工准备充分和满足开工条件后，施工单位填写《工程开工报审表》，经总监理工程师审核并发布"开工令"。

（7）工序质量控制

当施工单位每道工序完成后，应根据规范要求进行自检，合格后填报工序报验单。监理工程师在收到报验单后，立即对工序进行现场检查，并根据规范要求，对资料进行核查。监理单位检验合格并经监理工程师签署认可后方可进行下道工序施工。反之，责令施工单位返工。

（8）进场材料质量控制

凡运到施工现场的苗木等种植材料应具备"四证一签"，其他施工材料应有国家规定的产品出厂合格证或试验报告，经监理工程审查并确认其质量合格后，方准进场。凡是没有质量合格证明及检验不合格者，不得进场，如果监理工程师认为供货方所提交的有关质量合格证明文件以及施工承包单位提交的检验报告，仍不足以说明到场产品的质量符合要求时，监理工程师可以组织复检，确认其质量合格后方允许进场。

（9）隐蔽工程验收

根据施工质量验收规范的要求，对在施工过程中需事先隐蔽的施工部位执行隐蔽工程监理验收制度。在整地、换土、施肥等工序施工完毕后由监理进行隐蔽工程验收。隐蔽工程验收按如下程序进行：一是由专业监理工程师根据施工承包单位报送的隐蔽工程报验申请和自检结果进行现场检查，符合要求予以签认；二是对未经监理人员验收或不合格的工序，监理人员拒绝签认，并严禁施工单位进行下一道工序的施工。

（10）对施工现场进行巡视、平行检验和旁站跟踪检查

在施工过程中，监理工程师将随时、有目的地进行巡视和旁站检查，以及时发现、解决和纠正施工中出现的质量问题。对所发现的问题应先口头通知施工单位纠正，然后由监理工程师签发《监理工程师通知》，责令施工单位整改，整改结果书面回复监理工程师，经监理再次复查合格后始得继续施工。

(11) 分项、分部工程施工质量验收

①检验批质量验收　由监理工程师组织施工单位技术负责人等进行施工质量检验批质量验收，检验批合格质量应符合下列规定：主控项目和一般项目的质量经抽样检验合格；具有完整的施工操作依据、质量检查记录。

②分项工程质量验收　由监理工程师组织施工单位技术负责人和项目管理工程师等进行施工质量分项工程质量验收。分项工程质量验收合格应符合下列规定：分项工程所含的检验批均应符合合格质量的规定；分项工程所含的检验批质量验收记录应完整。

③分部工程质量验收　由总监理工程师协助建设单位工程项目建设负责人组织设计单位、勘察单位和施工单位项目负责人参加相关分部工程施工质量验收。分部工程质量验收合格应符合下列规定：分部工程所含分项工程的质量均应验收合格；质量控制资料应完整。

(12) 按合同行使质量监督权

为了保证工程质量，出现下列情况之一的，总监理工程师有权责令施工单位立即停工整改：

①施工中出现质量异常情况，经提出后施工单位仍未采取改进措施者；或者采取的改进措施不力，还未使质量状况有好转趋势者。

②未经检验就进行下道工序或隐蔽作业、未经现场监理人员检验自行封闭、掩盖者。

③对已发生的质量事故未进行处理和提出有效改进措施就继续作业者。

④擅自变更设计、图纸进行施工者。

⑤使用未经认可和批准的材料或擅自替换、变更工程材料者。

⑥擅自将工程转包或擅自让未经同意的分包单位进场作业者。

⑦没有可靠的质量保证措施贸然施工，已出现质量下降征兆者。

⑧其他总监理工程师认为必须停工整顿者。

监理项目部要求施工单位暂停施工必须填写"工程部分暂停令"单，并要求施工单位按照质量事故处理程序对质量问题进行处理，经现场监理工程师审查认可后，施工单位填写"复工申请"，总监理工程师签认"复工令"。

(13) 利用数理统计方法对质量进行控制

根据施工过程中监理工程师收集的一系列质量数据，对此进行整理、统计分析，找出质量波动的规律。进而判断质量状况，找出质量问题并分析影响质量的原因，最终制定改进质量的对策和措施。通常采用管理图法和直方图法，定期统计分析来加强工程的质量控制。

(14) 行使质量否决权

对施工单位工程进度款的支付申请，所申请支付项目的质量签证单必须随支付申请一同上报，只有那些已经监理工程师签署质量认证意见且已达到合格或达到合格规定的质量等级的项目，总监理工程师才能按合同明确的支付要求签署支付意见。

(15) 工程预验收

①工程是否达到交验条件　各标段监理工程师应按照设计图纸、规范、标准和施工承包合同所明确的要求对工程的质量情况进行全面检查。对发现影响竣工验收的问题（质

量、未完项目等)签发《监理通知》，要求承包单位进行整改；并要求施工单位提交全部竣工资料和竣工图。

②审查竣工资料和竣工图纸　对施工单位提交的竣工资料，监理工程师要逐一认真审查和验收，重点是资料齐全、清楚、手续完善，分项、分部工程划分合理。对竣工图的审查重点是施工过程所发生的设计变更和工地洽商是否已包括到竣工图中，竣工图是否完整等。

③竣工验收及质量评估　监理工程师在审查、核验承包单位所提交的竣工资料和竣工图并认可后，同时整理监理资料。根据两套资料对工程质量进行分析、评估，拿出最终监理单位对该工程的质量评估意见，并向业主提交《工程质量评估报告》。监理工程师将及时、认真地参与业主组织的验收工作，全面、公正、准确地提供验收依据和发表验收意见。

④质量的整改完善　对验收中质量的需要整改或完善的质量问题，监理将在规定的时间内督促施工单位进行整改或完善。对设计单位提出的需要进行局部修改的应按要求进行修改。

4.2　建设工程进度控制

4.2.1　进度控制目标

审核施工单位根据工程合同提交的施工总进度计划、月进度计划，加强进度计划的风险识别，实施过程中及时进行计划进度与实际进度的比较，及时纠偏进行计划调整。督促施工单位加强对机械设备、劳动力、资金、材料的投入。实现工程按期开工，按期竣工。

4.2.2　进度控制措施

工程进度控制主要抓年、季、月、周系列计划，系列计划的龙头是施工总进度，季、月、周计划的完成是总计划的保证，季、月、周计划又是可调控的；计划分析会是调控的手段，监理必须把计划分析会适时开好，控制施工进程，从而完成工期目标。具体措施如下：

①审查承包人施工管理组织机构、人员配备、资质、业务水平是否适应工程的需要，并提出合理化意见。

②审核施工单位提交的施工进度计划，要求承包人编制施工总进度计划，并在计划执行过程中跟踪监控，通过实际进度与计划进度的比较，定期地、经常地检查和调整施工进度计划。

③根据承包人项目总体施工进度计划的要求，审查所编制的施工总进度计划与分解落实到的季/月/周的施工进度计划，以及各个施工阶段提交的各种详细进度计划和变更调整计划。

④督促承包人及时向项目监理部报送月施工作业计划，严格审查月施工作业计划是否符合总进度计划的要求，并督促实施。

⑤在施工过程中检查和监督施工进度计划的实施，力争控制实际进度与计划进度的偏差，使实际进度尽量按计划进度执行。每月、每周对工程进度计划值与实际值进行比较，

发生进度偏离，应找出影响进度的原因，并及时调整下周、下月进度，抢回拖延工期，确保进度计划总目标。

⑥建立反映工程进度状况的监理日志。

⑦工程进度的检查和管理。

⑧按合同要求及时进行工程计量验收。

⑨为工程进度款的支付签署进度、计量方面的认证意见。

⑩组织现场协调会，促进工程进度。

⑪当工程未能按计划进度执行时，应要求承包人调整或修改进度计划，并通知承包人采取必要的措施加快施工进度。承包人无正当理由延期又不采取加快施工进度措施时，及时向业主报告，由业主决定是否终止施工合同。

⑫当实际进度与计划进度发生差异时，在分析原因的基础上采取如下措施　制订保证总工期不突破的对策措施；制订总工期突破后的补救措施；调整相应的施工计划和材料设备、资金供应计划等，在新的条件下组织新的协调与平衡。

⑬协调与进度有关的各单位，解决影响施工进度的各种问题，确保施工进度计划总目标的实现。

⑭监理工程师应编制和建立各种用于施工进度管理记录、统计和标记，反映实际进度与计划进度差距的进度控制图与进度统计表，以便随时对工程进度进行分析和评价，并作为要求承包人加快工程进度、调整进度计划或采取其他合同措施的依据；采用计算机管理系统辅助监理工程师对承包人的施工进度计划进行监控和管理。

4.3　建设工程投资控制

4.3.1　投资控制目标

以合同为依据，公平、公正地开展造价控制工作。加强计量支付管理，严格审查额外工程、设计变更，认真做好施工现场计量的原始记录，认真审查设计变更的量、价，做到准确、及时，采取措施杜绝施工单位索赔的发生。严格审核承包人合同金额支付申请，按照合同规定将工程造价控制在合同总价范围内。

4.3.2　投资控制措施

①审核施工组织设计和施工方案，对主要施工方案进行技术经济分析。

②按合理工期组织施工，避免不必要的赶工费。

③熟悉设计图纸和设计要求，针对量大、质量、价款波动大的苗木的涨价预测，采取对策；减少施工单位提出索赔的可能。

④对设计变更进行技术经济比较，严格控制设计变更。

⑤编制时间—投资累计曲线，编制资金使用计划，对工程实施情况实行动态控制。利用网络计划计算出每项工作的最早及最迟开工时间，按进度划分投资支出预算，编制时间—投资累计曲线，施工过程中，对投资进行动态控制，分析发生偏差的原因，采取纠正措施。这样可以合理确定工程造价的总目标值和各阶段目标值，使工程造价的控制有所依据，并为资金的筹集与协调打下基础。通过资金使用计划的科学编制，可以对未来工程项

目的资金使用和进度控制有所预测,消除不必要的资金消费,减少投资控制的盲目性,增加了自觉性,使现有资金充分发挥作用,从而能够有效地控制工程投资,提高投资效益。

⑥严格按照工程进度进行工程计量。

⑦复核工程付款清单,签发付款证书。

⑧对工程施工过程中的投资支出作出分析与预测,经常或定期向业主提交项目造价控制及其存在问题的报告。

⑨做好分阶段控制竣工结算造价控制工作,应着重从以下几个方面入手:

a. 核对合同条款。首先,应核对竣工工程内容是否符合合同条件要求,工程是否竣工验收合格,只有按合同要求完成全部工程并验收合格才能列入竣工结算。其次,应按合同约定的结算方法、计价定额、取费标准、主材价格和优惠条款等,对工程竣工结算进行审核,若发现合同开工或有漏洞,应请建设单位与施工单位认真研究,明确结算要求。

b. 检查隐蔽验收记录。所有隐蔽工程均需进行验收,两人以上签证;实行工程监理项目应经监理工程师签证确认。审核竣工结算时应该对隐蔽工程施工记录和验收签证,手续完整,工程量与竣工图一致方可列入结算。

c. 落实设计变更签证。设计修改变更应由原设计单位出具设计变更通知单和修改图纸,设计、校审人员签字并加盖公章,经建设单位和监理工程师审查同意、签证;重大设计变更应经原审批部门审批,否则不应列入结算。

d. 按图核实工程数量。竣工结算的工程量应依据竣工图、设计变更单和现场签证等进行核算,并按国家统一规定的计划规则计算工程量。

e. 严格执行相应单价。结算单价应按合同约定或招投标规定的计价定额与计价原则执行。

f. 注意各项费用计取。建安工程的取费标准应按合同要求或项目建设期间与计价定额配套使用的建安工程费用定额及有关规定执行,先审核各项费率、价格指数或换算系数是否正确,价差调整计算是否符合要求,再核实特殊费用和计算程序。要注意各项费用的计取基数,如安装工程间接费等是以人工费为基数,这个人工费是定额人工费与人工费调整部分之和。

g. 防止各种计算误差。工程竣工结算子目多、篇幅大,往往有计算误差,应认真核算,防止因计算误差多计或少算。

4.4 建设工程安全生产监管

4.4.1 施工安全控制目标

协助建设方,协调好各施工方之间的配合关系。督促施工方严格落实安全生产责任制及采取有效措施,杜绝安全伤亡事故的发生,使得整个项目的施工生产在安全文明、良好有序的环境中进行,督促施工单位对整个施工现场进行布置,做到文明施工。

4.4.2 施工安全控制措施

①加强安全生产教育 要求施工单位在施工中,始终贯彻"安全第一、预防为主"的安全生产工作方针,认真执行国务院、住建部、山西省关于施工企业安全生产管理的各项

规定,把安全生产工作纳入施工组织设计和施工管理计划,使安全生产工作与生产任务紧密结合,保证施工人员在生产过程中的安全与健康,严防各类事故发生,做到文明施工。

②确定建设工程项目施工的安全目标　按"目标管理"方法在以项目经理为首的项目管理系统内进行分解,从而确定每个岗位的安全目标,实现全员安全控制。

③要求施工单位编制工程项目施工安全技术措施计划　对生产过程中的安全风险进行识别和评价,对不安全因素用技术手段加以消除和控制,并形成文件。施工安全技术措施计划是进行工程项目施工安全控制的指导性文件。

④监督安全技术措施计划的实施　要求施工单位建立包括建立健全安全生产责任制、设置安全生产设施、进行安全教育和培训、沟通和交流信息、通过安全控制使生产作业的安全状况处于受控状态。

⑤检查施工安全技术措施落实情况　包括安全检查、纠正不符合情况,并做好检查记录工作。要求施工单位所有员工必须经过三级安全教育;特殊工种作业人员必须持有特种作业操作证,并严格按规定定期进行复查;对查出的安全隐患要做到"五定",即:定整改责任人、定整改措施、定整改完成时间、定整改完成人、定整改验收人;必须把好安全生产"六关",即:措施关、交底关、教育关、防护关、检查关、改进关;施工现场安全设施齐全,并符合国家及地方有关规定;施工机械必须经安全检查合格后方可使用。

⑥检查施工单位是否制定确保安全生产的各项规章制度、建立岗位责任制,指定专职安全员。

⑦检查施工单位是否针对施工现场实际制定应急救援预案、建立应急救援体系。

⑧检查施工单位拟投入施工使用的大型施工机械的检测检验、验收、备案手续。

⑨对施工现场安全生产情况进行巡视检查,检查施工单位各项安全措施的具体落实情况。发现存在事故隐患的应当要求施工单位立即进行整改;情况严重的,由总监理工程师下达暂时停工令并报告建设单位;施工单位拒不整改的应及时向工程所在地建设行政主管部门报告。

⑩检查施工现场施工单位对大型施工机械的定期检查和维护保养情况　对未按照规定进行检测检验、验收、备案,以及定期检查和维护保养的总监理工程师应当下达暂停使用指令,责令施工单位整改,并报告建设单位,施工单位拒不整改的应当及时报告工程所在地建设行政主管部门报告。

⑪发生重大安全事故或突发性事件时,应当立即下达暂时停工令,并督促施工单位立即向当地建设行政主管部门(安全监督机构)和有关部门报告,并积极配合有关部门、单位做好急救和现场保护工作;协助有关部门对事故进行调查分析;督促施工单位按照"四不放过"原则对事故进行调查处理。

4.5　建设工程合同管理

4.5.1　合同管理目标

严格按合同约定督促各方执行合同条款,通过合同风险分析,找出风险因素,在施工过程中进行督促,并及时提醒,进行严格的变更、延期、索赔审核,采取预控措施,减少索赔、违约事件的发生。

4.5.2 合同管理措施

①要严格按照合同的相关条款，定期对合同的执行情况进行跟踪管理，对合同条款进行风险性分析，及时向业主报告，预防索赔事件发生。

②掌握合同条款，跟踪合同的执行情况。采取预先分析、考查的方法，督促和纠正承包单位不符合合同约定的行为，提前向业主和承包单位发出预示，防止偏离合同的事件发生。

③按程序处理工程设计变更、洽商，设计、变更的内容及时反映在施工图纸上，在相应图纸的适当位置盖章，并注明其编号和年月日。

④对工程延期事件随时收集资料，做好详细记录，在处理过程中，书面通知承包单位采取必要措施，减少影响程度。

⑤采取预控措施，减少索赔事件的发生。

⑥协调承包单位和业主之间的矛盾或合同纠纷，确保工程承包合同得以顺利履行。在监理活动中，积极维护业主的合法权益，公正处理承包单位的正当权益。在仲裁或诉讼过程中，作为证人，公正地向仲裁机关或法院提供与争议有关的证据。

⑦发现违约事件可能发生时，应及时提醒有关各方，以事实为依据，以合同约定为准绳，公平处理。

⑧协助业主签订施工承包合同、苗木供应合同以及与本项目有关的各项补充协议，提出合理化建议。

4.5.3 合同的变更、延期处理

(1) 合同变更的处理

①工程合同变更的要求可以由业主、监理工程师、承建方提出，但必须经过业主的批准签字后才能生效。根据合同条款，如监理工程师认为确有必要变更部分工程的形式、质量或数量或处于合适的其他理由，应在征得业主同意后由项目总监向承建商发出变更指令，如果这种变更是由于承建商的过失或违约所致，则所引起的附加费用由承建商承担。

②工程变更的指令必须是书面的，如因某种特殊原因，监理工程师可给项目总监在决定批准工程变更时下达口头变更令，但必须在 48 小时内予以书面确认。要求征求业主的意见并确认此变更属于本工程项目合同范围，此项变更必须对工程质量有保证，必须符合规范。

③凡一般因图纸不完善所造成的设计变更，由项目总监会同监理项目部处理，并由项目总监征求业主意见后发出变更指标；对设计漏项、变更技术方案和技术标准，不论其投资增减情况，均应由项目总监上报业主共同处理，并报监理项目部备案。

④合同变更的估价由项目总监按合同条款的有关规定会同项目监理部进行，并报业主认可，由项目总监书面通知承建商并留 2 本副本；为了中期进度付款便宜，项目总监可根据合同条款规定定出临时单价或合价，但必须经业主同意批准。

(2) 合同延期的处理

①由于增加额外工作与附加工作，异常恶劣的气候条件，或由于不是承包商的过失、违约或者责任范围内的特殊情况，造成工程不能按原定工期完工，承包商可按合同有关规

定要求工程延期。

②当项目总监理工程师收到承包商《工期延长申请表》，要组织有关监理人员做好工地实际情况调查和记录，提出审核意见，报业主审定。

4.5.4　合同索赔与违约的处理

(1) 合同索赔的处理

为保证工程的投资不超过经审批的工程投资概算，监理工程师应积极协助业主防止承建商提出索赔，找出正当的理由和证据对承建商的索赔报告进行反击，使业主不受或少受损失；同时及时发现承建商违反合同的情况，积极收集证据资料，协助业主做好对承建商的索赔工作，尽最大可能减少工程投资的损失。

(2) 合同违约的处理

①当业主不能及时给出必须的指令、确认、批准，不按合同约定履行自己的各项义务、支付款项及发生其他使合同无法履行的行为，应视作业主违约，应承担违约责任，相应顺延工期；按协议条款约定支付违约金和赔偿其违约给乙方造成的窝工等损失。

②当承包商不能按合同工期竣工，施工质量达不到设计和规范的要求，或者发生其他合同无法履行的行为，应视作承包商违约，应承担违约责任，按协议条款的约定支付违约金，赔偿因其违约给业主造成的损失。

③提出因违约发生的费用，应写明费用的种类，如工程的损坏及因此发生的拆除、修复等费用支出；要根据合同条款写明违约金的数额或计算方法和支付时间；赔偿损失，应写明损失的范围和计算方法，如损失的性质是直接损失还是间接损失，损失所包含的内容是否将应得利润计入损失中。

4.6　建设工程信息管理

4.6.1　信息管理目标

充分利用计算机设备和网络环境，实现信息化管理，及时按资料类别进行整理分类、存档，实现文档资料管理科学化、系统化、规范化。

4.6.2　信息管理工作要求

建设监理的主要方法是控制，控制的基础是信息，监理要做好信息管理工作，实现最优控制。

①监理部由办公室分管工程信息，设专人负责对工程信息进行收集整理、建库。其他专业组按公司贯标程序制订的信息管理办法各负其责。

②各监理人员按信息传递流程将重要的工程信息提供给各专业组，专业组分管信息的人员将汇总的信息报告总监理工程师和其他专业组。总监理工程师定期审查各专业组的监理日志，以便随时掌握情况，处理好内部、外部的问题。

③监理部与建设单位、施工、设计、供应等各方通过报表、报告、会议纪要、工程联系单等资料提供制度形成全过程工程信息网络。监理部按公司内部、外部、监理与受监方、监理与建设单位之间的各种报表、会议纪要、管理流程等制度形成现场的监理信息管

理网络。

④监理月报、监理质量分析会议纪要按监理内部的分工和制度进行编写和发放。

⑤总监理工程师每周组织召开监理部内部例会，汇总本月监理工作信息。各监理工程师互相通报监理工作情况，主动互相联系，做到上情下达，下情上达，既是对每位监理工程师工作的检查与评价，又是对监理工作全面开展的督促。每位监理工程师当月20日交出监理工作总结，对工程中质量、进度与月计划目标进行比较和分析，提出意见。总监理工程师定期组织信息分析会，分析工程动态和发展趋势，针对问题采取措施。

⑥监理的工程信息使用计算机进行管理，建立工程信息库，随时为工程服务。实现信息管理计算机网络化、程序化和标准化。

4.6.3　文档资料管理

①文档资料的收发与登记　所有收文应在收文登记表上进行登记（按监理信息分类别进行登记）。应记录文件名称、文件摘要信息、文件的发放单位（部门）、文件编号以及收文日期，必要时应注明接收文件的具体时间，最后由项目监理部负责收文人员签字。

②文档资料传阅与登记　由建设工程项目监理部总监理工程师或其授权的监理工程师确定文件、记录是否需传阅，如需传阅应确定传阅人员名单和范围，并注明在文件传阅纸上，随同文件和记录进行传阅。也可按文件传阅纸样式刻制方形图章，盖在文件空白处，代替文件传阅纸。每位传阅人员阅后应在文件传阅纸上签名，并注明日期。文件和记录传阅期限不应超过该文件的处理期限。传阅完毕后，文件原件应交还信息管理人员归档。

③文档资料分类存放　监理文件档案经收发文、登记和传阅工作程序后，必须使用科学的分类方法进行存放，这样既可满足项目实施过程查阅、求证的需要，又方便项目竣工后文件和档案的归档和移交。项目监理部应备有存放监理信息的专用资料柜和用于监理信息分类归档存放的专用资料夹。在大中型项目中应采用计算机对监理信息进行辅助管理。

④文档资料归档　监理文件档案资料归档内容、组卷方法以及监理档案的验收、移交和管理工作，应根据现行《建设工程监理规范》并参考工程项目所在地区工程行政主管部门的规定执行。监理文件档案资料的归档保存中应严格按照保存原件为主、复印件为辅和按照一定顺序归档的原则。如在监理实践中出现作废和遗失等情况，应明确地记录作废和遗失原因、处理的过程。如采用计算机对监理信息进行辅助管理的，当相关的文件和记录经相关责任人员签字确定、正式生效并已存入项目部相关资料夹中时，计算机管理人员应将储存在计算机中的相关文件和记录改变其文件属性为"只读"，并将保存的目录记录在书面文件上以便于进行查阅。在项目文件档案资料归档前不得将计算机中保存的有效文件和记录删除。

⑤文档资料借阅、更改与作废　项目监理部存放的文件和档案原则上不得外借，如政府部门、建设单位或施工单位确有需要，应经过总监理工程师或其授权的监理工程师同意，并在信息管理部门办理借阅手续。监理人员在项目实施过程中需要借阅文件和档案时，应填写文件借阅单，并明确归还时间。信息管理人员办理有关借阅手续后，应在文件夹的内附目录上作特殊标记，避免其他监理人员查阅该文件时，因找不到文件引起工作混乱。

4.6.4 信息管理措施

①制订包括文档资料收集、整编、归档、保管、查阅、移交、保密等信息管理制度，设置信息管理人员并制订相应岗位职责。按照国家、省有关管理办法及建设工程监理规范及时收集、整理并归档管理各种资料。

②及时收集、分析、整理工程建设中形成的工程准备文件、监理文件、施工文件、竣工图、竣工验收文件等各种形式的信息资料，工程完工后及时归档。

③运用计算机开展档案信息辅助管理。可减少手工作业，提高工作效率。利用计算机检索、排序的功能，自动生成报表文件、台账，及时将业主的要求传达给工程有关方面人员，及向业主报告工程情况。

④督促建设单位按有关规定和施工合同约定做好工程资料档案的管理工作。

⑤按有关规定及监理合同约定，做好监理资料档案的管理工作并妥善保管。

⑥在监理服务期满后，对应由监理机构负责归档的工程资料档案逐项清点、整编、登记造册，向建设单位移交。

4.7 协调各方关系

4.7.1 组织协调目标

组织协调工作是监理工作中十分重要的工作内容之一，目的在于协调参与项目实施中有关各方的工作关系，统一认识，按照施工合同与监理合同的要求，各方共同携手，努力完成工程项目的目标任务。一般从理顺承包人的队伍内部人员的关系、承包人与业主的关系、设计与施工的关系方面入手，进行组织协调工作，确保工程顺利进行。

4.7.2 项目经理部内部协调工作

①以项目总监理工程师为核心，协调项目监理部各专业、各层次之间的关系。每周召开项目监理部内部协调会，全体监理人员参加，汇报工作，交流信息，布置人员，安排工作。

②一次在工程例会之前召开协调会，交流情况，统一步调，决定工程例会的主要内容及会议召开程序。

③在某项专题会议或布置专项工作前召开协调会。

4.7.3 与建设单位之间的协调工作

①加强与建设单位领导及其驻现场代表的联系，听取对监理工作意见。

②在召开监理例会或专题会议之前，先与建设单位代表进行研究与协调。

③必要时与建设单位领导及其代表召开碰头会，沟通各方面的情况，并作出共同布署。

④邀请建设单位代表与专业技术人员参加工程质量、安全、文明施工现场的现场会或检查会，使建设单位人员获得第一手资料。处理与承包单位的关系时，保持公正的立场，并应切实保护建设单位的合法权益。各专业监理工程师与建设单位各专业工程师加强

联系。

4.7.4 与承包单位之间的协调工作

①及时了解工程各方面的信息及其存在的困难,热情服务,以协助解决承包单位的困难为目的,以与预控工程为前提。

②要站在公正的立场,维护承包单位的合法利益。

③从大局出发,从控制工程总体目标的角度处理与承包单位的关系。

④重大的协调工作要由项目总监理工程师出面(必要时也可由公司领导出面),事前要与建设单位作好协调工作。

⑤为了作好协调工作,项目监理人员要深入现场取得第一手资料,以便预测可能出现的不利情况,采取措施防患于未然。

4.7.5 与设计单位之间的协调工作

①协调建设单位、承包单位根据工程进度需要与设计单位协商,制订出图计划,并催促设计单位保质保量按期出图。

②对到场图样进行盘点检查,避免漏项。

③配合建设单位安排施工图纸会审及设计交底,会审及交底结果及时发出文件或修改图。

④加强对设计变更的审核与管理,并要求承包单位按设计变更文件施工。

⑤处理质量事故时要求设计人员参加并提出处理措施;施工前作好双方之间的沟通与协商。

⑥发现施工图中存在问题时,要及时与建设单位和设计单位联系,并协助设计人员处理好。

⑦必要时可请勘察、设计人员参加监理例会和专题工地会议、技术研究会议等有关会议。

⑧充分尊重设计人员,了解并力促实现他们的设计意图。

4.7.6 与工程质量监督部门之间的协调工作

①主动接受质监部门的指导,及时如实地反映情况,充分尊重质监人员的意见。

②积极落实质监人员提出的整改意见。

课后练习

1. 林业工程监理质量控制的程序是什么?
2. 林业工程监理进度控制的重点是什么?
3. 谈谈您对林业工程安全监管的看法?
4. 合同管理包括哪些内容?

模块 2　林业工程监理

模块概述

本模块讲述林业工程监理,内容包括林业工程监理业务承揽、林业工程准备阶段监理、林业工程施工阶段监理、林业工程养护阶段监理、林业工程竣工验收阶段监理 5 个项目,贯穿林业工程监理始终。

通过本模块学习熟悉林业工程监理的各阶段划分,掌握各阶段林业工程监理的工作程序和工作内容,会填写各种简历表格,编写会议记录和林业工程监理资料,能胜任林业工程监理员工作。

项目 1　林业工程监理承揽

项目概述

　　林业工程监理业务的承揽是开始监理工作的基础。本项目主要介绍监理投标的决策；监理投标文件(商务标、技术标)的编写、监理的投标与合同签订。

知识目标

　　(1)了解林业工程监理招标信息收集的渠道。
　　(2)掌握林业工程监理投标决策的内容。
　　(3)掌握林业工程监理投标文件编制的方法。
　　(4)掌握林业工程监理合同签订注意的事项。

技能目标

　　(1)初步具备投标决策的能力。
　　(2)具备编制简单林业工程监理投标文件的能力。
　　(3)具备签订林业工程监理合同的能力。

工作任务

　　某招投标网站发布××绿化工程监理招标公告，甲监理公司想承揽该工程监理业务，监理公司需要做哪些工作？
　　(1)收集工程相关信息，购买招标文件。
　　(2)编制监理投标文件。
　　(3)投递标书，参加开标。
　　(4)签订监理合同。

任务1.1　林业工程监理投标决策

1.1.1　林业工程监理招标信息的收集

　　林业工程监理业务的承揽需要有及时、准确的信息渠道。林业工程监理业务信息可以通过报纸、网络发布的招标公告和建设单位直接获得。
　　收集项目招标信息是监理公司市场经营人员的重要工作，经营人员应建立广泛的信息网络，不仅要关注各招标机构公开的招标公告和公开发行的报刊、网络，还要建立与林业行政部门、设计院、咨询机构、招标代理机构的良好关系，以便更好地了解林业工程建设的信息。

1.1.2 林业工程监理项目投标决策

林业工程监理投标决策是指寻找满意投标方案的过程。它包含3个方面的内容：第一，对招标的监理项目是投标还是不投标；第二，如果去投标，投什么性质的标；第三，投标中如何采用以长制短、以优胜劣的策略和技巧。第一方面为前期决策，后两方面为后期决策。

投标决策的正确与否，关系到能否中标和中标后的效益，关系到监理企业的发展前景。

(1) 投标的前期决策

投标决策的前期阶段必须在购买投标人资格预审资料前后完成。决策的主要依据是招标广告，以及公司对招标工程、业主情况的调研和了解的程度。前期阶段必须对是否投标做出决定。通常情况下，下列招标项目应放弃投标：

①本监理企业能力范围外的项目。
②工程规模、技术要求超过本监理企业技术等级的项目。
③本监理企业生产任务饱满，而招标工程的盈利水平较低或风险较大的项目。
④本监理企业技术等级、信誉、监理水平明显不如竞争对手的项目。

(2) 投标的后期决策

如果决定投标，即进入投标决策的后期阶段，它是指从申报资格预审至投标报价（封送投标书）前完成的决策研究阶段。主要研究是投什么性质的标，以及在投标中采取的策略问题。

1.1.3 影响监理投标决策的因素

科学正确地做出有利企业发展的决策，其基础工作是进行广泛、深入地调查研究。影响监理投标决策的因素可以概括为以下几个方面：

(1) 项目的自然环境

项目的自然环境主要包括：工程所在地的地理位置和地形、地貌；气象状况，含气温、平均降水量；自然灾害状况等。

(2) 项目情况

项目情况包括：工作性质、规模、发包范围；工期的要求；苗木的种类、规格、栽植方式；交通运输、供水、供电、通信条件；资金来源；工程款的支付方式。

(3) 业主的信誉

业主的信誉包括：业主的资信情况、履约态度、支付能力，在其他项目上有无拖欠监理费的情况。

(4) 竞争对手的情况

竞争对手的情况包括：竞争对手的实力与优势；与业主之间的关系；报价情况。

(5) 自身情况

自身情况包括：技术能力；类似工程业绩；公司内部人员情况；履行该招标项目的可能性。

任务 1.2　林业工程监理投标文件编写

1.2.1　监理投标文件的组成

监理投标文件是监理企业阐述自己响应招标文件要求，旨在向招标人提出愿意订立合同的意思，是投标人确定、修改和解释有关投标事项的各种书面表达形式的统称。

监理投标文件一般按照监理招标文件的要求编写。一般监理投标文件由以下几部分组成。

(1) 投标函(表 1-1)

表 1-1　投标函

致：_____(招标人名称)
根据贵方招标工程项目编号为_____{项目编号}的_____{招标工程项目名称}工程招标文件，遵照《中华人民共和国合同法》、《中华人民共和国建筑法》、《中华人民共和国招标投标法》的规定，我单位经研究贵方的招标文件后，决定以监理费率_____的报价，承担本次招标范围的工程监理任务。
据此函，签字人兹宣布同意如下：
(1) 我们承担根据招标文件的规定，完成合同规定的责任和义务。
(2) 我们已详细审阅了全部招标文件，包括招标文件的补遗、答疑书(如有)，参考资料有关附件，我们知道必须放弃提出含糊不清或误解的问题的权利。
(3) 我们同意在投标人须知前附表规定的开标日期起遵循本投标文件，并在投标人须知前附表规定的投标有效期期满之前均具有约束力，并有可能中标。
(4) 如果在开标后规定的投标有效期内撤回投标，我们的投标保证金可被贵方没收。
(5) 同意向贵方提供贵方可能要求的与本投标有关的任何证据或资料。
(6) 我们完全理解贵方不一定要接受最低报价的投标或收到的任何投标。
(7) 一旦我方中标，我方保证在收到甲方书面通知后按时进入现场进行监理，并在合同规定的期限内保质保量完成监理工作。
(8) 如果我方中标，我方将在贵方规定的时间内完成同贵方签订监理合同，如果违约，贵方有权中止我方中标并选择其他中标单位。
(9) 贵方的中标通知书和本投标文件将构成约束我们双方的合同。
投标人名称：(公章)_____
法定代表人或其委托人：(签字)_____
地　址：_____
电　话：_____
传　真：_____
邮政编码：_____
日　期：____年___月___日

(2)法定代表人资格证明(表1-2)

表1-2　法定代表人身份证明

单位名称：_____ 单位性质：_____ 地　　址：_____ 成立时间：_____年_____月_____日 经营期限：_____ 姓　　名：_____性别：_____年龄：_____职务：_____ 系_____的法定代表人。 特此证明。 　　　　　　　　　　　　　　　投标人：_____（盖公章） 　　　　　　　　　　　　　　　日　期：_____年____月____日

(3)授权委托书(表1-3)

表1-3　授权委托书

本人_____（姓名）系_____（投标人名称）的法定代表人，现委托_____为我方代理人。代理人根据授权，以我方名义签署、澄清、说明、补正、递交、撤回、修改_____（项目名称）监理施工投标文件和处理有关事宜，其法律后果由我方承担。 　　代理人无转委托权。 　　附：法定代表人身份证明和委托代理人身份证明 　　　　　　投标人：_____（盖章） 　　　　　　法定代表人：_____（签字或盖章） 　　　　　　身份证号：_____ 　　　　　　委托代理人：_____（签字或盖章） 　　　　　　身份证号：_____ 　　　　　　　　　　　　　　　　　　_____年____月____日

(4)投标保证金

投标保证金有现金、支票、汇票和银行保函等，但具体形式根据招标文件确定。

(5)企业资质证书、营业执照，监理人员资格证书

企业资质证书、营业执照能够证明企业的经营范围，人员资质证书可以说明监理从业人员的资格。

(6)总监理工程师近年业绩

总监理工程师是监理项目最重要的人员，总监的业绩可以说明其监理的能力。

(7)监理企业近年业绩

监理企业业绩是监理企业近年承揽业务的多少，能够反映企业实力。

(8) 企业财务状况

企业财务状况反映企业经营状况。

(9) 监理大纲

监理大纲是开展监理工作的基础,是监理投标文件中的技术部分。主要包括:监理工程项目概况、监理工作的依据、监理服务的范围和工作内容、监理的组织机构和人员、监理的目标(质量、进度、投资、安全等)、监理的工作方法等。

1.2.2 编制监理投标文件的注意事项

①监理企业编制投标文件时必须使用招标文件提供的投标文件格式。填写招标文件提供的表格时,一定要按照原格式填写,凡要求填写的空格必须填写。重要的内容或者数字(如工期、报价等)未填写的,可能被视作废标。

②投标保证金需按招标文件要求方式提交。

③编制的投标文件正本仅一份,副本按照招标文件要求提交。投标文件正本和副本如有不一致,以正本为主。

④所有投标文件均由投标人的法定代表人签署、加盖印鉴,并加盖监理单位公章。

⑤投标文件正本和副本均使用不褪色的墨水打印或书写,填写要字迹清晰、端正。

⑥投标文件编写的过程中要反复核对。全套投标文件应无涂改和行间插字。如投标人造成涂改或行间插字,则所有修改地方均应由投标文件签字人签字并加盖单位印章。

⑦投标文件应严格按照招标文件要求密封,避免由于密封不合格造成废标。

⑧将投标文件按照规定的日期送至招标单位,等待开标、决标。

⑨认真对待招标文件中关于废标的条件,以免被判为无效标书而前功尽弃。

1.2.3 监理投标文件实例

下面是某绿化工程监理的投标案例

投标文件封面

项目编号:SX2016055

项目名称:××绿化工程项目监理

投 标 人:××林业监理公司(盖公章)

法定代表人或其委托代理人:_____(签字或盖章)

日 期:_____年_____月_____日

投标文件目录

一、投标函

二、法定代表人身份证明书

三、法定代表人授权委托书

四、投标保证金凭证

五、投标人一般情况

六、各类资质和资格证书的复印件

七、项目总监近五年担任过同类工程业绩

八、项目班子成员及组织机构
九、投标人近五年完成的同类工程业绩
十、财务状况
十一、招标人要求的其他资料
十二、监理大纲

一、投标函

致：××林业局(招标人名称)

根据贵方招标工程项目编号为<u>SX2016055</u>(项目编号)的<u>××绿化工程项目监理</u>(招标工程项目名称)工程招标文件，遵照《中华人民共和国合同法》《中华人民共和国建筑法》《中华人民共和国招标投标法》的规定，我单位经研究贵方的招标文件后，决定以监理费率<u>2.17%</u>的报价，承担本次招标范围的工程监理任务。

据此函，签字人兹宣布同意如下：

(1) 我们承担根据招标文件的规定，完成合同规定的责任和义务。

(2) 我们已详细审阅了全部招标文件，包括招标文件的补遗、答疑书(如有)，参考资料有关附件，我们知道必须放弃提出含糊不清或误解的问题的权利。

(3) 我们同意在投标人须知前附表规定的开标日期起遵循本投标文件，并在投标人须知前附表规定的投标有效期期满之前均具有约束力，并有可能中标。

(4) 如果在开标后规定的投标有效期内撤回投标，我们的投标保证金可被贵方没收。

(5) 同意向贵方提供贵方可能要求的与本投标有关的任何证据或资料。

(6) 我们完全理解贵方不一定要接受最低报价的投标或收到的任何投标。

(7) 一旦我方中标，我方保证在收到甲方书面通知后按时进入现场进行监理，并在合同规定的期限内保质保量完成监理工作。

(8) 如果我方中标，我方将在贵方规定的时间内完成同贵方签订监理合同，如果违约，贵方有权中止我方中标并选择其他中标单位。

(9) 贵方的中标通知书和本投标文件将构成约束我们双方的合同。

投标人名称：(公章)××林业监理公司
法定代表人或其委托人：(签字)_____
地址：_____
电话：_____
传真：_____
邮政编码：_____
日期：<u>2018</u>年<u>6</u>月<u>1</u>日

二、法定代表人身份证明书

单位名称：<u>××林业监理公司</u>
单位性质：<u>有限责任公司</u>
地　　址：<u>××市××路××号</u>
成立时间：<u>1998</u>年<u>9</u>月<u>10</u>日
经营期限：<u>1998</u>年<u>9</u>月<u>10</u>日至<u>2034</u>年<u>12</u>月<u>31</u>日
姓名：<u>×××</u>　性别：<u>男</u>　年龄：<u>××</u>　职务：<u>经理</u>

系××林业监理公司(投标人单位名称)的法定代表人。

特此证明。

投标人：××林业监理公司(盖公章)

日期：__2016__年__6__月__1__日

三、授权委托书

本人×××(姓名)系××林业监理公司(投标人名称)的法定代表人，现委托××为我方代理人。代理人根据授权，以我方名义签署、澄清、说明、补正、递交、撤回、修改××绿化工程项目监理(项目名称)监理施工投标文件和处理有关事宜，其法律后果由我方承担。

代理人无转委托权。

附：法定代表人身份证明和委托代理人身份证明

投标人：××林业监理公司(盖章)

法定代表人：__×××__(签字或盖章)

委托代理人：__×××__(签字或盖章)

日期：__2016__年__6__月__1__日

四、投标保证金凭证

网银转账凭证或银行保函。

五、投标人一般情况

单位名称	××林业监理公司	总部地址	××市××路××号
企业资质	1. 等级：甲级 2. 证书号：林监甲2010010号 3. 发证单位：××省林业厅		
营业执照	1. 编号：100000100066296 2. 营业范围(主项、增项)：工程监理，工程项目管理 3. 发照单位：××省工商行政管理局××分局		
建立日期	1998.9.10	现有职工总人数(人)	80	固定资产净值(万元)	870
行政负责人	1. 姓名：××× 2. 职务：董事长 3. 职称：工程师		
技术负责人	1. 姓名：××× 2. 职务：技术负责人 3. 职称：高级工程师		
联系方式	1. 地址：××市××路××号 3. 电话：××××××	2. 邮编：×××××× 4. 传真：××××××	
下属施工单位简况(个数、专业、年完成工作量等)	无		

(续)

组织机构框图	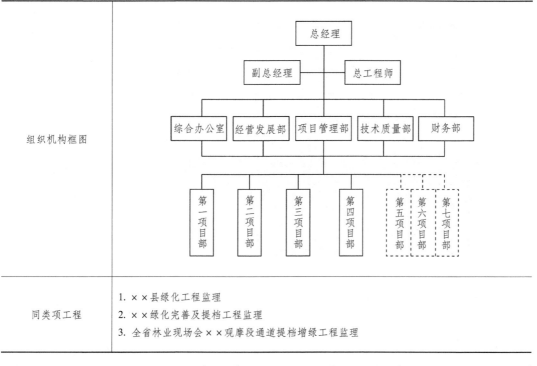
同类项工程	1. ××县绿化工程监理 2. ××绿化完善及提档工程监理 3. 全省林业现场会××观摩段通道提档增绿工程监理

六、各类资质和资格证书的复印件
七、项目总监近五年担任过同类工程业绩

项目总监	×××	年龄	54
职称	工程师	专业	林学
参加工作时间	1985年6月	从事技术负责人年限	8年
近五年担任过同类工程情况			
1. ××林业工程通道破损面修复工程监理 2. ××生态恢复治理项目监理 3. ××植被恢复工程项目监理 4. ××县绿化工程监理			

附件:
1. 各工程监理中标文件
2. 各工程监理委托合同

八、项目班子成员及组织机构

序号	姓名	年龄	性别	文化程度	监理专业	职称	监理证书编号	拟担任职务	从事工程监理主要经历
1	×××	54	男	本科	林业监理	工程师		总监理工程师	2008年至今从事绿化监理工作

(续)

序号	姓名	年龄	性别	文化程度	监理专业	职称	监理证书编号	拟担任职务	从事工程监理主要经历
2	×××	37	男	本科	林业监理	工程师		专业监理工程师	2007年至今从事绿化监理工作
3	×××	37	男	本科	林业监理	工程师		专业监理工程师	2010年至今从事绿化监理工作
4	×××	51	男	本科	林业监理	工程师		专业监理工程师	2010年至今从事绿化监理工作
5	×××	49	男	本科	林业监理	工程师		专业监理工程师	2007年至今从事绿化监理工作
6	×××	44	男	本科	林业监理	高级工程师		专业监理工程师	2008年至今从事绿化监理工作
7	×××	27	男	大专	林业监理	监理员		监理员	2012年至今从事绿化监理工作
8	×××	28	男	大专	林业监理	监理员		监理员	2010年至今从事绿化监理工作

附：监理人员资格证书、身份证扫描件。

九、投标人近五年完成的同类工程业绩

项目名称	××县绿化工程监理
项目所在地	××县××村
发包人名称	××县林业局
发包人地址	××县××街
发包人联系电话	
合同价格	1.99%
开工日期	2012年03月01日
竣工日期	2015年12月31日
承担的工作	施工全过程监理
工程质量	合格
监理工程师及电话	×××
项目描述	绿化工程
备注	

附：监理工程中标通知书、监理委托合同。

十、财务状况

开户行情况、近三年每年的财务状况表(由会计事务所出具的企业近三年的财务审计

报告及各年度的资产负债表、损益表、现金流量表)、审计报告等。

十一、招标人要求的其他资料

十二、监理大纲

  前 言
  第一章 工程概况
  第二章 监理工作阶段、服务范围及目标
  第三章 质量控制监理方案
  第四章 安全生产监管
  第五章 进度控制监理方案
  第六章 投资控制监理方案
  第七章 项目监控重点及难点
  第八章 旁站监理方案
  第九章 针对本工程的合理化建议
  第十章 人员的组织分工
  第十一章 合同管理
  第十二章 信息管理
  第十三章 项目协调监理方案
  第十四章 仪器及办公设施

任务 1.3 投标与签约

1.3.1 林业工程监理开标

  开标是指在投标人提交投标文件的截止日期后，招标人依据招标文件所规定的时间、地点，在有投标人出席的情况下，当众公开开启投标人提交的投标文件，并公开宣布投标人的名称、投标价格以及投标文件中的其他主要内容的活动。《中华人民共和国招标投标法》(以下简称《招标投标法》)第三十四条规定："开标应当在招标文件确定的提交投标文件截止时间的同一时间公开进行，开标地点应当为招标文件中预先确定的地点。"

  按照《招标投标法》的相关规定，开标一般按下列程序进行：

  ①投标人出席开标会的代表签到 投标人授权出席开标会的代表本人填写开标会签到表，招标人专人负责核对签到人身份，应与签到的内容一致。

  ②开标会议主持人宣布开标会程序、开标会纪律和当场废标的条件。

  ③公布在投标截止时间前递交投标文件的投标人名称，并点名再次确认投标人是否派人到场。

  ④主持人介绍主要与会人员 主持人宣布到会的开标人、唱标人、记录人、公证人员及监督人员等有关人员的单位与姓名。

  ⑤检查所有投标文件的密封情况 一般情况，主持人会请招标人和投标人的代表共同(或委托公证机关)检查各投标书密封情况，密封不符合招标文件要求的投标文件应当场废标，不得进入评标。

⑥宣布投标文件的开标顺序。

⑦设有标底的，公布标底　标底是评标过程中作为衡量投标人报价的参考依据之一。

⑧唱标人依开标顺序依次开标并唱标　由指定的开标人（招标人或招标代理机构的工作人员）在监督人员及与会代表的监督下当众拆封所有投标文件，拆封后应当检查投标文件组成情况并记入开标会记录，开标人应将投标书和投标书附件以及招标文件中可能规定需要唱标的其他文件交唱标人进行唱标。

⑨开标会记录签字确认　开标会记录应当如实记录开标过程中的重要事项，包括开标时间、开标地点、出席开标会的各单位及人员、唱标的内容等，招标人代表、招标代理机构代表、投标人的授权代表、记录人及监督人等应当在开标会记录上签字确认，对记录内容有异议的可以注明。

⑩主持人宣布开标会结束，进入评标阶段。

1.3.2　林业工程监理评标与定标

评标，是指按照规定的评标标准和方法，对各投标人的投标文件进行评价、比较和分析，从中选出最佳投标人的过程。

评标是招标投标活动中十分重要的阶段，评标是否真正做到公平、公正，决定着整个招标投标活动是否公平和公正；评标的质量决定着能否从众多投标竞争者中选出最能满足招标项目各项要求的中标者。所以，评标活动应该遵循公平、公正、科学、择优的原则，在严格保密的情况下进行。

(1) 评标委员会的组建

《招标投标法》规定，评标委员会由5人以上的单数组成，其中技术、经济等方面专家的人数不少于总人数的2/3，招标人代表不得超过成员总数1/3。一般情况下评标专家由政府或招标代理机构专家库随机抽取。

(2) 评标程序

①评标专家研究招标文件，熟悉招标文件中评标标准、评标方法。

②初步评审　从所有投标书中筛选出符合要求的合格投标书，剔除无效标书。

③详细评审　根据招标文件中的评标标准和方法对初审合格的投标文件进行评审和比较。

④编写并上报评标报告　评标委员会依据评标后的名次，向招标人推荐中标候选人，并编写评标报告。评标报告有评标委员会全体成员签字。

(3) 定标

评标结束后，招标人向中标人发出中标通知书，同时将中标结果通知其他未中标人。招标人和中标人应当在中标通知书发出后的30日以内，根据招标文件内容和中标人投标文件订立书面合同。

1.3.3　林业工程监理委托合同签订

林业工程监理委托合同是指林业工程建设单位（林业局、林场等）聘请林业监理单位代其对林业工程项目进行管理，明确双方权利、义务的协议。

林业工程监理委托合同没有固定样式，可以参考《建设工程委托监理合同（示范文本)》(GF—2012—0202),该合同文本是由协议书、通用条件、专用条件组成。

(1)林业工程监理委托合同应包含的内容

合同中应该包括委托监理工程的概况(工程名称、地点、工程规模、总投资);组成本合同的文件;总监理工程师;签约酬金;监理期限;合同签订的时间、地点;双方履约的承诺。

通用条件着重阐明双方一般性的权利和义务,适应性较为广泛。通用条件的内容包括:词语定义与解释;监理人的义务;委托人的义务;违约责任;支付;合同生效、变更、暂停、解除与终止;争议解决;以及一些其他情况。

专用条件是合同双方根据具体工程项目的特点对合同条款的一种完善和补充,如工程中的具体内容,工程规模、工程造价、监理合同期、奖励条件等都应在专用条款中写明,由合同双方协商一致后填写。合同专用条款的编号与合同标准条件的编号是一致的,顺序也是相同的。

(2)林业工程监理委托合同的签订

监理企业在接到中标通知书后,应立即组织相关人员对招标文件中合同条款进行分析和研究,草拟合同专用条件,与建设单位就工程项目的实质性问题进行谈判,通过协商达成一致,形成合同条款。

监理合同谈判中,主要内容为:双方的权利与义务、开工的工期、监理费支付方式、三控(质量控制、进度控制、投资控制)的目标、总监的入选以及到场其他监理人员的数量、监理工作内容的变更与增加、违约的责任与解决办法、监理合同中的语言等。

双方形成的合同文本要以书面形式签订,一般由双方法定代表人签字,加盖公司印章。

(3)林业工程监理委托合同签订的原则

①依法签订原则 合同的内容、形式均不得违法,当事人应当遵守法律、法规和社会公德,不得损害公共利益。

②平等互利协商一致原则 合同双方当事人处于平等地位。合同内容必须经双方协商一致,不允许一方将自己意志强加于另一方。

③严密完备原则 双方在签约前尽可能考虑监理过程中可能发生的问题,预先约定解决办法。合同条款力求完备,避免疏漏,文字表达规范、严谨。

④等价有偿原则 合同签约双方权利义务对等,监理企业提供监理服务,建设单位等价支付报酬。

课后练习

1. 投标文件包括哪几部分?
2. 实践题:根据2018年度东山龙城森林公园春季施工工程招标文件编写一份投标文件。

项目 2　林业工程施工准备阶段监理

项目概述

　　施工准备阶段的监理工作是林业工程监理最重要的阶段,关系着全部监理工作的质量,关系着监理工作的成功与失败,关系着监理机构顺利开展监理工作。

　　林业工程施工准备阶段监理是林业工程监理的重点,该阶段监理工作的好坏直接关系到林业生态工程建设的成败。本项目主要内容有林业工程建设单位、施工单位、监理单位、设计单位的相关准备工作,进行图纸会审,编写和审查规划、方案、实施细则等工作。

知识目标

　　(1) 掌握各单位相关准备工作的程序,监理主要工作。
　　(2) 掌握林业工程施工准备阶段监理的标准、程序。
　　(3) 掌握各类林业工程监理记录和报告填写、编写要点。
　　(4) 掌握林业工程施工准备阶段各类问题处理的程序。

技能目标

　　(1) 具有编写监理规划和监理实施细则等文件的能力。
　　(2) 具有处理林业工程施工准备阶段旁站监理的能力。
　　(3) 具有书写监理记录及报告的能力。
　　(4) 具备林业工程施工准备阶段问题处理的能力。

工作任务

　　某监理公司承担东山绿化工程项目施工准备阶段监理工作,公司派刘监理工程师(可胜任总监)完成该任务,刘监理工程师该如何开展工作。
　　(1) 成立监理机构,主持编写监理规划,组织监理工程师编写监理实施细则。
　　(2) 完成该工程施工准备阶段的监理工作。
　　(3) 完成施工准备阶段各类资料的编写。
　　(4) 处理各类问题。

任务 2.1　监理单位主要工作

　　监理单位主要工作包括:成立项目监理机构、监理规划的编制及报审、监理实施细则的编制及报审。

2.1.1 成立项目监理机构

监理单位在组建项目监理机构时，一般按以下步骤进行：

(1) 确定项目监理机构目标

林业工程监理目标是项目监理机构建立的前提，项目监理机构建立应根据委托监理合同中确定的监理目标，制订总目标并明确划分监理机构的分解目标。

(2) 确定监理工作内容

根据监理目标和委托监理合同中规定的监理任务，明确列出监理工作内容，并进行分类归并及组合。监理工作的归并及组合应便于监理目标控制，并综合考虑监理工程的组织管理模式、工程结构特点、合同工期要求、工程复杂程度、工程管理及技术特点；还应考虑监理单位自身组织管理水平、监理人员数量、技术业务特点等。

如果林业工程进行实施阶段全过程监理，监理工作划分可按设计阶段和施工阶段分别归并和组合。

(3) 项目监理机构的组织结构设计

①选择组织结构形式　由于林业工程规模、性质、建设阶段等的不同，设计项目监理机构的组织结构时应选择适宜的组织结构形式以适应监理工作的需要。组织结构形式选择的基本原则是：有利于工程合同管理，有利于监理目标控制，有利于决策指挥，有利于信息沟通。

②合理确定管理层次与管理跨度　项目监理机构中一般应有3个层次：第一，决策层。由总监理工程师和其他助手组成，主要根据林业工程委托监理合同的要求和监理活动内容进行科学化、程序化决策与管理。第二，中间控制层(协调层和执行层)。由各专业监理工程师组成，具体负责监理规划的落实，监理目标控制及合同实施的管理。第三，作业层(操作层)。主要由监理员、检查员等组成，具体负责监理活动的操作实施。项目监理机构中管理跨度的确定应考虑监理人员的素质、管理活动的复杂性和相似性、监理业务的标准化程度、各项规章制度的建立健全情况、林业工程的集中或分散情况等，按监理工作实际需要确定。

③项目监理机构部门划分　项目监理机构中合理划分各职能部门，应依据监理机构目标、监理机构可利用的人力和物力资源以及合同结构情况，将投资控制、进度控制、质量控制、合同管理、组织协调等监理工作内容按不同的职能活动形成相应的管理部门。

④制定岗位职责及考核标准　岗位职务及职责的确定，要有明确的目的性，不可因人设事。根据责权一致的原则，应进行适当的授权，以承担相应的职责；并应确定考核标准，对监理人员的工作进行定期考核，包括考核内容、考核标准及考核时间。

⑤选派监理人员　根据监理工作的任务，选择适当的监理人员，包括总监理工程师、专业监理工程师和监理员，必要时可配备总监理工程师代表。监理人员的选择除应考虑个人素质外，还应考虑人员总体构成的合理性与协调性。

我国《建设工程监理规范》规定，项目总监理工程师应由具有三年以上同类工程监理工作经验的人员担任；总监理工程师代表应由具有二年以上同类工程监理工作经验的人员担任；专业监理工程师应由具有一年以上同类工程监理工作经验的人员担任。并且项目监理机构的监理人员应专业配套、数量满足建设工程监理工作的需要。

(4) 制订工作流程和信息流程

为使监理工作科学、有序进行，应按监理工作的客观规律制订工作流程和信息流程，规范化地开展监理工作。

2.1.2 监理规划的编制及报审

监理规划是监理单位接收建设单位委托并签订监理合同之后，在项目总监理工程师的主持下，根据委托监理合同，在监理大纲的基础上，结合工程实际，广泛收集工程信息和资料的情况下制订，经监理单位技术负责人批准，用来指导项目监理机构全面开展工作的指导性文件。

监理规划的编制应该符合下列规定：

①监理规划应在签订委托监理合同及收到设计文件后开始编制，完成后必须经监理单位技术负责人审核批准，并应在召开第一次工地例会前报送建设单位(监理规划报审表)。

②监理规划应有总监理工程师主持、专业监理工程师参加编制。

③编制监理规划的依据主要是：林业工程的相关法律、法规及项目审批文件；与林业工程项目有关的标准、设计文件、技术资料；监理大纲、委托监理合同文件以及与林业工程项目相关的合同文件。

监理规划应该包括以下主要内容：工程概况；监理工作范围；监理工作内容；监理工作目标；监理工作依据；项目监理机构的组织形式；项目监理机构的人员配备；项目监理机构的人员岗位职责；监理工作程序；监理工作方法及措施；监理工作制度；监理设施。

在监理工作实施过程中，如实际情况或条件发生重大变化而需要调整监理规划是，应由总监理工程师组织专业监理工程师研究修改，按原报审程序经过批准后报建设单位。

2.1.3 监理实施细则的编制及报审

监理实施细则是根据监理规划，由专业监理工程师编写，并经项目总监理工程师批准，针对工程项目中某一专业或某一方面监理工作的操作性文件。

(1) 监理实施细则的编制依据

①已批准的《监理规划》。

②与专业工程相关的标准、设计文件和技术资料。

③《施工组织设计》或《施工方案》。

④公司《质量手册》、监理工作文件等。

⑤项目监理专业策划内容。

(2) 监理实施细则的编制内容

①专业工程的特点　应说明本专业工程的施工特点和监理特点。

②监理工作的流程　用流程图的形式描述本专业监理工作的流程。

③监理工作的控制要点及目标值　应说明本专业监理工作的控制要点及目标值。

④监理工作的方法及措施　应说明本专业监理工作的方法及措施。

(3) 监理实施细则的编制、审批、发放和修改要求

①项目监理专业策划完成后，在相应工程施工开始前15日内由各专业监理工程师分专业编制监理实施细则，报项目总监理工程师批准，作为指导各专业监理工作实施的工

文件；编写人员签字、项目总监签字、盖监理项目部章；报公司一份，项目监理机构存档一份。经审批后的监理实施细则属受控文件，由项目监理部资料员按照《文件控制程序》的要求进行发放和管理。

②对项目规模较小、技术不复杂且管理有成熟经验和措施，并且监理规划可以起到监理实施细则作用时，可不另外单独编制监理实施细则。

③当发生工程变更、计划变更或原监理实施细则所确定的方法、措施、流程不能有效地发挥管理和控制作用等情况时，项目总监理工程师应及时根据实际情况安排专业监理工程师对原监理实施细则进行补充、修改和完善，按原报审程序经过批准后方可执行。

（4）监理实施细则的编制注意事项

①监理实施细则应符合监理规划的要求，并应结合工程项目的专业特点，做到详细具体、具有可操作性。

②监理实施细则可按工程进展情况编写，尤其是当施工图纸未出齐就开工的情况，但是当某分部工程或单位工程或按专业划分构成一个整体的局部工程开工前，该部分的监理实施细则应编制完成，并在开工前应经过项目总监理工程师的审批。

③监理实施细则应具有针对性，应根据专业施工的特点制订专业监理工作控制措施，设置质量控制点的具体位置及控制方法，明确哪些工序需要进行旁站监理及进行旁站监理的内容，明确专业监理工作平时巡查的内容和重点。

任务 2.2　设计单位准备

2.2.1　设计交底

设计交底指在施工图完成并经审查合格后，设计单位在设计文件交付施工时，按法律规定的义务就施工图设计文件向施工单位和监理单位作出详细的说明。其目的是使施工单位和监理单位正确贯彻设计意图，加深对设计文件特点、难点、疑点的理解，掌握关键工程部位的质量要求，确保工程质量。设计交底分为图纸设计交底和施工设计交底两项内容。

（1）图纸设计交底

这是在建设单位主持下，由设计单位向各施工单位、监理单位以及建设单位进行的交底，主要交待工程的特点、设计意图与施工过程控制要求等。

①施工现场的自然条件、地质及水文地质条件等。

②设计主导思想、工程要求与构思，使用的规范。

③对工程上所使用的有关材料、设备、苗木、种子等植物材料的要求，对使用新材料、新技术、新工艺的要求。

④施工中应特别注意的事项等。

⑤设计单位对监理单位和承包单位提出的施工图纸中的问题的答复。

（2）施工设计交底

①施工范围、工程量、工作量和实验方法要求。

②施工图纸的解说。

③施工方案措施。

④操作工艺和保证质量安全的措施。

(3) 设计交底会

设计交底由承担设计阶段监理任务的监理单位或建设单位负责组织，设计单位向施工单位和承担施工阶段监理任务的监理单位等相关参建单位进行交底。一般情况下，设计交底会议由总监理工程师主持，监理部和各专业施工单位（含分包单位）分别编写会审记录，由监理部汇总和起草会议纪要，总监理工程师应对设计技术交底会议纪要进行签认，并提交建设单位、设计单位和施工单位会签。

2.2.2 图纸会审

图纸会审是指工程各参建单位（建设单位、监理单位、施工单位、各种设备厂家）在收到设计院施工图设计文件后，对图纸进行全面细致的熟悉，审查出施工图中存在的问题及不合理情况并提交设计单位进行处理的一项重要活动。图纸会审由建设单位负责组织并记录（也可请监理单位代为组织）。通过图纸会审可以使各参建单位特别是施工单位熟悉设计图纸、领会设计意图、掌握工程特点及难点，找出需要解决的技术难题并拟定解决方案，从而将因设计缺陷而存在的问题消灭在施工之前。

图纸会审由承担施工阶段监理任务的监理单位负责组织，施工单位、建设单位、设计单位等相关参建单位参加。

(1) 主要内容

①是否无证设计或越级设计；图纸是否经设计单位正式签署；是否经过相关部门图审合格。

②地质勘探资料是否齐全。

③设计图纸与说明是否齐全，有无分期供图的时间表。

④设计地震烈度是否符合当地要求。

⑤几个设计单位共同设计的图纸相互间有无矛盾；专业图纸之间、平立剖面图之间有无矛盾；标注有无遗漏。

⑥总平面与施工图的几何尺寸、平面位置、标高等是否一致。

⑦防火、消防是否满足要求。

⑧建筑结构与各专业图纸本身是否有差错及矛盾；结构图与建筑图的平面尺寸及标高是否一致；建筑图与结构图的表示方法是否清楚；是否符合制图标准；预埋件是否表示清楚；有无钢筋明细表；钢筋的构造要求在图中是否表示清楚。

⑨施工图中所列各种标准图册，施工单位是否具备。

⑩材料来源有无保证，能否代换；图中所要求的条件能否满足；新材料、新技术的应用有无问题。

⑪地基处理方法是否合理，建筑与结构构造是否存在不能施工、不便于施工的技术问题，或容易导致质量、安全、工程费用增加等方面的问题。

⑫工艺管道、电气线路、设备装置、运输道路与建筑物之间或相互间有无矛盾，布置是否合理，是否满足设计功能要求。

⑬施工安全、环境卫生有无保证。

⑭图纸是否符合监理大纲所提出的要求。

(2) 程序

图纸会审应开工前进行。如施工图纸在开工前未全部到齐,可先进行分部工程图纸会审。

①图纸会审的一般程序 业主或监理方主持人发言→设计方图纸交底→施工方、监理方代表提问题→逐条研究→形成会审记录文件→签字、盖章后生效。

②图纸会审前必须组织预审 阅图中发现的问题应归纳汇总,会上派一代表为主发言,其他人可视情况适当解释、补充。

③施工方及设计方专人对提出和解答的问题做好记录,以便查核。

④整理成为图纸会审记录,由各方代表签字盖章认可。

⑤参加图纸会审的单位 GB 50319—2013 第 5.1.2 条规定:"项目监理人员应熟悉工程设计文件,并应参加由建设单位主持的图纸会审和设计交底会议,会议纪要应由总监理工程师签认。"图纸会审和设计交底由建设单位主持。

(3) 监理工程师施工图审核的主要原则

①是否符合有关部门对初步设计的审批要求。

②是否对初步设计进行了全面、合理地优化。

③安全可靠性、经济合理性是否有保证,是否符合工程总造价的要求。

④设计深度是否符合设计阶段的要求。

⑤是否满足使用功能和施工工艺要求。

(4) 监理工程师进行施工图审核的重点

①图纸的规范性。

②建筑功能设计。

③建筑造型与立面设计。

④结构安全性。

⑤材料代换的可能性。

⑥各专业协调一致情况。

⑦施工可行性。

(5) 记录

图纸会检后应有施工图会检记录。

其中应标明:

①工程名称 所在工程名称,图纸中应注明。

②工程编号 所在工程编号,图纸中应注明。

③表号 图纸会检表的表号,登记所用。

④图纸卷册名称 所审图纸的卷册名称,图纸中应注明。

⑤图纸卷册编号 所审图纸的卷册编号,图纸中应注明。

⑥主持人 此处为监理人员签名,主持。

⑦时间 图纸会审时间,应注明、年、月、日。

⑧地点 图纸会审场所。

⑨参加人员 所有参与人员,包括工程各参建单位(建设单位、监理单位、设计单位、施工单位)的与会人员。

⑩提出意见　图号：有问题的图纸编号；提出单位：提出的问题的单位（一般填写施工单位）；提出意见：提出的问题（一般由施工单位提出）；处理意见：对提出的问题做出的回复（由设计单位出回复）。

⑪签字、盖章　表底应有设计单位代表、建设单位代表、施工单位代表、监理单位代表的签字，以及各单位盖章。

任务2.3　施工单位准备

2.3.1　资质审核，人员审核

(1)对施工承包单位、分包单位资质的控制

总监理工程师应对总包施工单位、承担拟定的分包工程的分包施工单位资格进行审核，主要审核以下资质文件：

①总包、分包单位的营业执照、企业资质等级证书、特殊行业施工许可证、国外(省外)企业在国内(省内)承包工程许可证、企业安全生产许可证。

②总包、分包单位的业绩。

③拟分包工程的内容和范围，并应考察分包单位的施工能力、人员和设备是否具备。

(2)对施工承包单位的管理人员、作业人员的审核

通过审核批准《施工现场质量管理检查记录》、填报《建设工程特殊工种上岗证审查表》等手段，把好施工人员质量关，审查、控制的重点是施工的组织者、管理者。

审查专职管理人员和特种作业人员的资格证、上岗证。

2.3.2　施工组织设计(施工方案)审查

(1)施工组织设计审查程序

①在审查施工组织设计前，监理机构应先熟悉施工合同、招投标文件，明确总包分包范围、材料及设备采购供应情况及承发包双方约定的其他情况。

②施工单位必须完成施工组织设计的编制及自审工作，经施工单位负责人签字后填写《工程技术文件报审表》，报送项目监理机构审核。

应注意的是，施工单位在项目投标书中的施工组织设计比较粗，必须要求项目部对原施工组织设计针对本工程实际进行细化和扩充，达到指导施工的作用，但其承诺的管理架构、主要施工方法、方案不应出现变化(应与相应的投标报价相一致)，监理将以审批后的施工组织设计作为监理管理的依据。

③总监理工程师应在约定时间内，组织专业监理工程师审查，提出审查意见后，由总监理工程师审定批准。需要施工单位修改时，由总监理工程师签发书面意见，退回施工单位修改后再报审，总监理工程师应重新审定。

④已审定的施工组织设计由项目监理机构报送建设单位。

⑤施工单位应按已审定的施工组织设计文件组织施工。如需对其内容做较大变更(如施工方法)，应在实施前将变更内容书面报送项目监理机构重新审定。

⑥对规模大、工艺复杂或艺术要求高的林业工程，项目监理机构应在审查施工组织设计后，报送监理公司技术负责人审查，其审查意见由总监理工程师签发。必要时与建设单

位协商，组织有关专家会审。

(2) 单项(单位)工程项目施工组织设计审查的基本要求

①施工组织设计应有施工单位技术负责人签字。

②施工组织设计应符合施工合同要求。

③施工组织设计应符合施工现场情况(给水、排水、供电、交通道路、场地及地质状况、周围环境状况等)。

④施工组织设计中应有确能保证工程项目施工质量的质量管理体系、技术管理体系、质量保证体系及安全生产管理体系。

(3) 单项(单位)工程项目施工组织设计的审查要点

① 工程概况　应能概要说明工程规模、工程特点并与施工合同约定内容、施工组织设计内容及现场周围环境、地质勘察报告等相关内容相符合，且应阐述施工的重点和难点。

②施工目标　应与施工合同约定相符合。

③施工组织　项目管理组织机构应当适应项目的规模和复杂程度要求；项目经理必须具有相应资历及资质注册证件，主要专业的技术管理人员必须具备与工程等级相适应的技术职称，岗位职责应明确(应注意检查施工单位主要负责人、项目经理、专职安全生产管理人员的安全生产管理岗位资格证，项目机构配置的专业技术人员是否齐全、专职的安全、资料、试验、测量、质检、材料、预算岗位人员资格证件是否齐全)；工程所需的各类特种作业人员资格及岗位证数额与本工程规模及要求要相适应。

④施工方案

a. 施工顺序及施工作业段的划分是否合理、科学，对装饰装修阶段出现的多工种交叉作业的施工组织顺序安排是否科学、合理(此部分在施工方案中必须阐述)。

b. 各分部分项工程的施工方法、工艺要求是否正确、合理，是否具有先进性；特别注意对新工艺、新技术、新材料、新设备的应用必须有配套的施工规程和操作工法规定(企业或行业技术规程依据)。

c. 脚手架、垂直运输、起重机械、模板支撑系统的设计方案及计算是否正确、合理、安全度审核。例如，脚手架工程不但应有脚手架施工详图，且应对脚手架搭设方案进行在施工荷载与风荷载组成的各种工况下的承载力验算、支承锚固处的承载力验算、脚手架在主体结构生根处的附加配筋设计等。

d. 所有施工机械的配置是否适应现场状况，是否满足施工工艺要求及施工进度计划要求。

e. 根据施工总进度计划的安排，在当地常规雨季及冬季时段安排的该部分项工程施工的冬、雨季施工措施是否完善、合理。

f. 施工现场雨水排放、生产、生活污水排放方案是否合理可行。

g. 施工技术复杂或采用新结构、新技术、新工艺、特种结构工程必须编制专项施工方案，另行组织专家审批。

⑤施工进度计划

a. 总进度计划(网络图计划或横道图计划)应与施工顺序及施工作业阶段方案相适应。在主体施工前，有条件时应尽量把地下管道、线路设施和土方工程基本完成，以避免竣工期的室外地下设施抢工期通病。

b. 审查进度计划中是否考虑了工种交叉配合、工序交接及必须的施工工艺间歇时间安排，是否考虑了正常的工序质量检测时间。

c. 进度计划的安排应与劳动力计划、资源供应计划、施工机械配置计划相适应，应考虑到劳动力、资源供应的均衡性。

d. 总进度计划安排应考虑到当地冬、雨季气候条件可能对施工进度及质量的影响因素。

e. 审查是否有保证施工进度的技术措施、组织措施、经济措施和应变协调措施。

⑥施工资源计划　劳动力需要量计划，材料、构配件、设备供应计划，施工机械配置计划是否能满足总进度计划的要求，是否相互匹配。

⑦施工质量计划

a. 质量管理、技术管理和质量保证体系的组织机构是否完善，具体表现在以下方面：材料、构配件、设备的进场验收、报审制度是否完善；工序检查制度是否完善；隐蔽工程验收与报审制度是否完善；分项分部工程的验收移交与报审制度是否完善；竣工验收移交与报审制度是否完善；工程档案资料的保管与移交制度是否完善。

b. 质量控制手段、检验和试验程序、方法是否正确，是否符合施工质量验收规范的要求，是否适应现场管理要求。

c. 工程质量检验标准、引用工程质量验收规范的正确性及完整性。

d. 对项目施工中的关键工序、关键部位及质量控制点的设置是否正确、全面。

⑧施工平面布置方案　施工平面布置必须符合规定的现场占用范围；施工平面布置要达到合理的组织物流运输，保证施工中运输畅通，减少交叉堵塞，垂直运输设施设置位置的合理性；生产区和生活区必须分隔，保证施工安全，有利于生活安排和文明工地建设，有利于安全防火、劳动保护和环境保护要求；保证场地排水畅通、场地硬化，材料堆放要方便使用，保护材料不受污染、保证安全和分类整洁；整体布置要紧凑合理，尽量减少施工用地，消防车通道宽度不得小于 3.5m。

⑨施工安全计划

a. 安全体系要健全，体现"安全第一、预防为主"的原则，有安全组织机构、安全管理层次要明确，有专职安全管理人员及职责、权利规定，有健全的安全生产责任制度、安全生产教育培训制度、安全档案资料制度、消防安全责任制度、安全用电制度、施工机械安全操作制度等各项规章制度和操作规程。

b. 要有安全的资源配置计划、施工用电配置方案、现场消防配置方案等。

c. 要制订完善的安全技术措施，包括预防自然灾害措施(防大风、雷电、洪水、地震等)，防火防爆措施(防火及消防措施、明火作业制度、设备防晒防爆措施)，劳动保护措施(深基坑、高空、交叉施工及安全用电制度及措施)，施工机械操作及安全防护制度及措施。审核安全技术措施是否符合现行的工程建设强制性标准规定。

d. 要编制生产安全事故应急救援预案及相应的人员、物资储备和配置计划等。

e. 对危险性较大的专项工程(土方开挖工程、起重吊装工程等)必须编制专项施工方案，并附有安全验算结果资料，并由施工单位技术负责人审核签字。

⑩施工环保计划　审查施工现场泥浆、污水和生产、生活排水是否对周围环境造成危

害及防护措施；现场爆破危害防止；现场打桩震害防止；施工现场粉尘、噪声对周围环境及人群生活的危害和防护；现场地下管线或文物的保护措施；现场卫生防疫措施；现场绿化及对周围环境绿化保护措施等。

⑪施工风险防范计划　审查施工单位对其自身在施工过程中可能发生的风险辨识(工期风险、质量风险、成本风险等)及防范对策方案的考虑是否全面、正确，有无对风险规避的措施和防范能力。

2.3.3　工程开工条件的审查

施工单位报送工程开工报审表及相关资料后，监理工程师应做下列检查。

2.3.3.1　现场检查
①征地拆迁工作能满足进度的需要。
②施工单位现场管理人员已到位，机具、施工人员已进场，主要工程材料已落实。
③进场道路及水、电、通信等设施已满足开工要求。

2.3.3.2　开工前完成事项
①施工许可证及安全生产许可证已获取政府主管部门批准。
②施工组织设计已获总监理工程师最后批准。
③建设单位主持的第一次工地会议已召开。
④总监理工程师已签署《施工现场质量管理检查记录表》，确认现场质量管理制度基本完整(详见下表)。

2.3.3.3　项目监理机构在开工前所需的文件和资料
(1) 监理机构应具备的基础资料
①委托监理合同。
②施工单位承包合同及附件，分包单位承包合同及附件。
③监理公司对总监理工程师任命书。
④获得批准的工程项目监理规划。

(2) 建设单位向监理机构提交的文件及资料
在第一次工地会议后，监理部以"工作联系单"书面向建设单位索取以下资料的复印件：
①建设工程规划许可证。
②建设单位施工许可证、开工证。
③委托质量监督站的委托书备案表。
④规划单位签发的建筑红线验线通知书。
⑤经建设行政主管部门(规划消防、人防、通信、水、电、气、市政、文物、园林、环保等部门)审查批准的施工图设计文件。
⑥审图机构的审图意见及结论文件。
⑦测绘部门提交的水准点、坐标点及验线记录等。
⑧工程地质勘察报告、水文地质资料。
⑨施工现场及周围毗邻建筑物、构筑物、地下各种管线的分布资料。
⑩建设单位驻工地代表及授权书。
⑪工程招标文件(含招标答疑会议纪要、中标单位承诺书等)。

⑫工程量清单及工程项目中标预算书。

(3) 施工单位向监理机构提交的资料

在第一次工地会议后,监理机构应以"监理工程师通知单"书面向施工单位索取以下资料的复印件:

①施工企业资质证书、营业执照、注册号。

②国家企业等级证书、信用等级证书,项目安全生产许可证书。

③企业法人证书。

④企业质量体系认证证书。

⑤施工单位针对本工程项目投保的《建筑工程一切险》保险单复印件。

⑥施工单位申办的《工地卫生监督许可证》复印件。

⑦工地安装的大型施工机械、起重机械安装检测验收合格证复印件。

⑧工程项目施工组织设计书。

⑨工程项目经理资格认证及项目部主要技术人员资质证(含施工单位主要负责人、项目经理、专职安全生产管理人员经建设行政主管部门考核颁发的岗位证书)。

⑩施工单位提供的试验室及检测单位资质证书及主要检测设备有效检定书。

⑪项目部特种作业人员上岗资格证书(垂直运输机械作业人员、起重机械工、塔吊司机、卷扬机司机、搅拌机操作人员、爆破作业人员、架子工、检修电工、气电焊工等)。

⑫分包单位资质及必须的资料。

项目监理机构完成上述各项施工准备阶段的监理工作后,总监理工程师认为具备开工条件经建设单位同意,正式签发《工程开工令》并报建设单位。

任务2.4 建设单位准备

2.4.1 工程建设区域征地工作

在施工准备阶段,作为建设单位应该做好土地流转、建筑拆迁等问题,如果建设工程区域有整地问题,监理应查看土地流转合同及费用支付情况,以免盲目同意施工单位进入施工现场,出现争议会造成窝工,影响工程进度,严重时会造成工程索赔。

2.4.2 施工条件检查

一般建筑工程开工前场地要求达到"三通一平",即通路、通电、通水和场地平整,林业工程施工不可能全部达到"三通一平",为便于管理,会要求建设单位工程项目部达到"四通一平",即通路、通电、通水、通信(电话必须,力争有网络)和场地平整。此外,要检查林业工程建设区域范围内有无交叉施工现象,如果有,建设方应积极协调各方关系保障林业工程顺利进行。

监理案例

山西林业职业技术学院
××××年龙城森林公园建设项目

监

理

规

划

山西××工程建设有限公司
2018 年 4 月

一、建设工程概况
1. 建设工程名称：×××
2. 建设工程地点：×××
3. 建设工程的建设规模：×××
4. 预计工程投资总额：×××
5. 建设工程计划工期：×××
6. 工程质量要求：×××
7. 工程建设单位：×××
8. 建设工程设计单位：×××
9. 施工单位名称：×××

二、监理工作内容
1. 种苗、有关材料及设备采购的建设监理工作主要内容
2. 施工准备阶段建设监理工作的主要内容
3. 施工阶段建设监理工作的主要内容
4. 施工验收阶段建设监理工作的主要内容
5. 建设监理合同管理工作的主要内容

三、监理工作目标
1. 投资控制目标：×××
2. 工期控制目标：×××
3. 质量控制目标：×××

四、监理依据
1.《全国造林技术规程》(GB/T 15776—1995)
2. 绿化建设项目工程施工设计

3. 绿化建设项目工程施工招标文件

4. 绿化建设工程委托监理合同

5. 绿化建设项目工程施工合同

五、项目监理机构的人员配备计划

为确保项目投资达到预期的效益,保证质量达到设计要求、进度按期完成,拟由冯监理担任项目总监理工程师,马监理担任总监代表,选派具有丰富实践经验的绿化监理工程师2人(刘监理、范监理)和营林监理员7人(张××、朱××、张××、于××、王××、李××、李××)进驻施工现场实施监理。

六、项目监理机构的人员岗位职责

1. 总监理工程师的职责:×××

2. 绿化监理工程师的职责:×××

3. 营造林监理员的职责:×××

七、监理工作程序

八、监理工作方法及措施

建设工程监理控制目标的方法与措施将重点围绕投资控制、进度控制、质量控制这三大控制任务展开。

1. 质量控制

2. 进度控制

3. 投资控制

九、监理工作制度

1. 施工图纸会审及设计交底制度

2. 工程质量检验制度

3. 施工进度监督及报告制度

4. 造价控制措施

5. 工程变更管理制度

6. 工程质量事故处理制度

7. 工程验收制度

8. 监理报告制度

十、安全施工监理

1. 施工安全控制的程序

2. 对工程施工安全控制的基本要求

十一、工程合同及信息管理

1. 合同管理的方法和措施

2. 信息管理的方法和措施

3. 监理资料搜集、整理、归档及提供

课后练习

1. 在林业工程施工准备阶段监理机构应该做哪些工作?

2. 实践题:根据东山龙城森林公园建设监理合同及其他相关文件编写该工程监理规划?

项目 3　林业工程施工阶段监理

项目概述

林业工程施工阶段监理是林业工程监理的重点,该阶段监理工作的好坏直接关系到林业生态工程建设的成败。本项目主要内容有林业工程各工序监理,参与、组织召开各种会议,编写各类报告,施工中各种问题的处理。

知识目标

(1) 掌握各类工地会议的程序,监理主要工作。
(2) 掌握林业工程施工各工序监理的标准、程序。
(3) 掌握各类林业工程监理记录和报告填写、编写要点。
(4) 掌握林业工程施工阶段各类问题处理的程序。

技能目标

(1) 具有组织召开工地会议的能力,具有代表监理进行各类会议发言能力。
(2) 具有处理林业工程施工各工序监理。
(3) 监理记录及报告。
(4) 林业工程施工阶段问题处理。

工作任务

某监理公司承担东山某绿化工程项目施工阶段监理工作,公司派刘监理工程师(可胜任总监)完成该任务,刘监理工程师该如何开展工作。

(1) 参加工地第一次会议,组织主持工地例会,参与或主持其他专项会议。
(2) 完成该工程各工序的监理工作。
(3) 完成施工阶段各类资料的编写。
(4) 施工中各类问题的处理。

任务 3.1　工地会议

林业工程工地会议主要包括:第一次工地会议、工地例会和专项会议。

3.1.1　第一次工地会议

第一次工地会议的召开标志林业工程进入施工阶段,林业工程监理也进入施工阶段监理。

(1) 第一次工地会议的组织与内容

林业工程第一次工地会议由建设单位组织召开。参加会议有:建设方驻地负责人员、施工单位项目经理、技术负责人、资料员、安全员、驻地总监理工程师、专业监理工程师、监理员和其他参与工程建设人员。

会议内容有:①建设方介绍建设方工程负责人、联系人员,依据监理合同宣布对总监的授权、现场监理人员,施工单位驻地项目经理、技术负责人、安全员、资料员等,介绍林业工程其他参与者,主要是工程建设区域行政村镇负责人与联系人。②建设方介绍林业工程建设基本情况,主要是资金与征地情况。③建设方对林业工程质量、进度要求及工作制度。

(2) 监理人员主要工作

作为监理单位,介绍现场监理人员配备及分工情况。要针对工程专业技术特点及要求,提出施工监理要点、监理工作基本程序、各工序施工注意事项、资料收集程序、安全管理、文明施工等事项,特殊工程监理要提出具体要求。确定工地例会时间、地点、参与者、汇报内容及要求。

3.1.2 工地例会

监理例会是由项目监理机构组织,总监理工程师或其授权的专业监理工程师主持,一周一次,时间由三方商定,多在周一或者周五,工地例会,监理要通报施工单位上周施工情况,包括工程质量、施工进度、材料上报、资料收集及各个工序施工中存在问题,安全施工检查情况,文明施工检查情况,对下一阶段工作提出要求。施工单位汇报上周本标段施工情况,存在问题及解决措施,需要建设方及监理协调解决的问题。同时听取建设方对施工情况的指示。

监理例会会议纪要经监理机构起草整理后,各方代表会签。会议纪要经总监审阅后由与会各方代表签认发至与会各方,并有签收记录。

3.1.3 专项会议

在林业工程建设工期内针对施工过程出现的各种问题、政府部门或者建设方的要求、指示等必要时需召开专项会议。此类会议一般由建设方主持召开,传达相关精神和文件,监理需认真领会精神并执行即可。如果是监理发现问题,认为有必要召开专项会议,也可主持召开,也可邀请建设方参加。

任务 3.2　林业工程施工各工序监理

3.2.1 标段确认监理

林业工程大多处于山区、地形复杂,常常出现不能精确划分边界,有时不影响施工,有时影响工程施工。在施工标段确认时,监理应会同设计实地勘察工程区域,逐标逐段确认,一旦确认相邻标段做好标识,一般由特殊地物或者施工单位彩旗为标志,监理现场照相作为依据。对于存在争议的地段由设计现场确定,相关标段现场确认,监理进行见证、记录。

园林工程及景观工程范围小、工作面相对集中标段确认比较简单,监理现场照相记录即可。

3.2.2 小班(地点)确认监理

林业工程地形复杂,在施工过程中必须把每个小班在实地进行落界,必要时可以借助GPS或者其他单位系统,工程中有时还有一些精品工程、采摘园、沿路景点等需要对照设计进行精细落界,该项工作一般由监理员进行即可。

3.2.3 场地清理监理

施工区域很多时候会有弃渣、生活垃圾、生产垃圾、枯枝落叶、废弃物等等需要进行清理,监理根据实际情况对施工区域清理提出要求并进行计量、记录、照相等监理工作。

场地清理由建设方完成时,可不进行监理。施工区域需进行大量填、挖土方的结合地形整治进行。

3.2.4 地形整治监理

林业工程建设中需要结合实地在不破坏整体地貌的情况下,把路边一些空闲地、采石场进行绿化美化,还有一些景观工程都需要进行地形整治。监理人员要依据施工图检验施工基准的确定,核实开挖线(区域)和回填线(区域),审核地形整治是否符合设计要求,统计来往土方量,签发计量表和地形整治验收表。地形整治前、施工中、地形整治完成后都需照相存档。

3.2.5 放线监理

工程类型不同对放线的要求也不同,作为监理要熟悉各类工程放线原则与要求,并对施工单位的放线予以检查确认。

荒山绿化工程的放线相对简单,监理单位首先要领会、理解设计意图,按照设计意图进行审核,注意设计株行距不能调整,不能出现大面积空缺。

检查采摘园的放线时,先除去道路与水路用地,再检查剩余可栽植地块宽度,计算可以栽植几行,行距可以进行10%左右的调整,检查施工单位放线有无可能造成地埂毁坏,密度过大或过小的情况。

园林工程放线监理先要检查工程基准的确定是否正确,再依次检查各个景观、树种的放线是否准确,检查设计放线与设计是否符合,偏差是否可以调整,如果差距较大,要求设计单位结合实际变更施工图,然后签发重复放线,再次进行放线监理。

签发放线验收合格表,拍照和摄像存档。

3.2.6 整地的监理

种植工程整地监理主要内容,整地方式与设计是否相符,树坑的规格与设计是否相符,特别注意树坑不规范,是否为"锅"状整地,株行距是否符合实际要求,有条件地方应进行表土处理。需要施肥要求的工程,检查肥料种类及相关检测报告,施肥环节属于见证点,需要旁站监理,做好旁站记录表,是否结束后回土要符合设计要求,要检查确认。

签发整地验收合格表，拍照存档。

3.2.7 苗木进场监理（填写旁站记录）

苗木进场需提前 24 小时向监理提交苗木进场报验申请，监理要认真审核，审核要点有：拟栽植小班是否完成挖坑，如果设计有施肥是否完成，申请苗木规格与设计是否相符，栽植季节是否符合要求，苗木产地是否在适生区范围，苗木运输情况是否有防护，查看供苗苗圃是否提供过苗木生产许可证和苗木经营许可证，如果前期已经备案则无需提供，否则还要提供苗木生产许可证和苗木经营许可证，同时询问运送苗木车辆可能到达时间及卸苗地点，要求苗木运送车辆最好是中午 12 点之前进入施工现场（表 3-1）。

表 3-1　苗木进场检验流程表

苗木进场监理程序

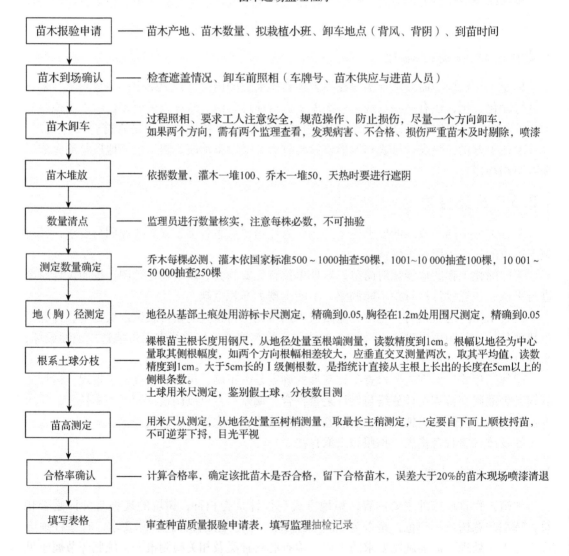

苗木到达施工现场监理程序，首先查看苗木"两证一签"，合格后再进行苗木运输车辆拍照、登记，之后进行苗木检验，作为林业工程建设要求每棵进场乔木必须检验，灌木树种、花卉幼苗依据规范抽样检验（表3-2）。检验内容包括苗木规格（苗高、地径、胸径、冠幅、土球、枝条数量等），数量，树种品系，有无病虫害，有无机械损伤，有无偏冠，枝下高等要点（表3-3）。同时填写苗木检验表（表3-4），三方签字确认。肥料、农药、花卉种子、草种等物资检查生产许可证、经营许可证、质量合格证、产地、生产日期等，大批量的进场需要进行试验，或者提供试验报告。

表3-2　苗木抽查数量标准

苗木数量	最低抽查数量	苗木数量	最低抽查数量
<50	全部检查	50 001~100 000	350
50~1000	50	100 001~500 000	500
1001~10 000	100	500 001 以上	750
10 001~50 000	250	—	—

表3-3　栽植苗木进场监理抽查表

工程名称		报验单位		报验树种	
拟栽植小班		苗木来源		营业执照	
生产资质		苗木质量合格证		苗木检验合格证	
产地标签		运输车辆		到达时间	
报验数量		抽查数量		合格数量	
报验人员		检测人员		检测时间	

表3-4　苗木进场检验记录表

序号	苗高	地(胸)径	土球	根系	冠幅	是否合格
1						
2						
3						
4						
5						
6						
7						
8						
9						
10						

水泥、沙子、砖块、木材、石材进场也需提前12小时进行进场材料报验，监理需要检查规格、型号与设计是否相符，供货单位相关资质是否备案，材料进场后要进行现场查看质量合格证、出厂检验报告、计量。特殊材料需要外送检验时，需要送检方（业主或者施工单位）与监理共同外送进行检验，费用由送检方承担。

签发材料检验表、照相、记录取证。

3.2.8 苗木栽植的监理

检查当天进场苗木是否当天完成栽植，苗木主干是否竖直，要求相邻树木高差不能超过10%。检查当天是否完成浇水，要求定植水一定要浇足浇透，树坑地埂要实，防止跑水漏水，浇水后坑内有下陷时，要及时覆土填平。检查苗木是否有倾斜露根现象，并要求施工单位及时解决以免风吹受冻。检查有截干、疏冠要求的苗木，是否完成截干、疏冠，截干、疏冠是否符合设计要求。检查株距是否符合设计要求，检查各品系配比是否符合设计要求。

土建园路工程施工的监理，检查基地处理是否符合设计，开挖深度、夯实情况、硬化情况是否符合设计要求，检查回填土是否符合实际，找平面是否科学，地面是否平整，铺地有无间隔、缝隙是否均匀等。检查砂浆、混凝土配比是否符合设计，理化特性能否达到要求。

建筑小品及木质工程的施工监理，检查材料是否是设计材料，检查放样是否准确，地基处理是否达到设计要求，各个构建衔接是否存在缝隙，是否符合安全标准。

签发苗木栽植或者施工合格表，拍照、记录、存档。

3.2.9 抚育监理

检查苗木栽植后是否及时用支架支撑，支撑架是否符合规范，检查覆土或者覆盖情况，检查，检查秋季上冻水的浇水情况，针对山区特点，上冻水宜早浇，11月上旬应该完成冻水浇灌。检查苗木扶正、明发枝剪除、伤残枝修剪、防火、防虫、防病等工作。

任务3.3 监理记录及报告

3.3.1 编写监理日志

原则上每单位工程一本监理日志，总监理工程师指定专人负责填写，字迹工整。每天以碰头会的形式由项目监理人员提供信息给记录人，记录当日的监理活动。

(1) 监理日志主要内容

①监理工作情况 审查各项资质方案情况及结果，定期和不定期检查施工单位安全管理体系运行是否正常，见证取样情况，各种材料、设备、工序报验的验收情况，巡视现场对发现的质量、进度、投资等问题或隐患、处理情况、处理未完的追踪情况，是否向建设单位、建设行政主管部门汇报，各种会议情况，往来函件收发情况。

②施工情况 施工部位、内容，管理人员和操作人员状况。

③发现问题等。

(2) 监理日志的编写要求

①监理日志的书写应该符合法律、法规、规范的要求,真实、全面、充分体现工程参建各方合同履行程度,公正记录每天发生的工程情况,准确反映监理每天的工作情况及工作成效。禁止作假,不能为了某种目的修改日志,不得随意涂改、刮擦。

②所有的监理人员均应每天按时填写监理日志,尽量避免事后补记,及时提交专业监理工程师(或驻地监理工程师)审查,日志的记录人应签名。

③监理日志不允许记录与监理工作无关的内容。

④记录问题时对问题的描述要清楚,处理措施和处理结果都要跟踪记录完整,不得有头无尾。

⑤监理日志书写工整、清晰,用语规范,语言表达简明扼要,措辞严谨,记录应尽量采用专业术语,不用过多的修饰词语,更不要夸大其词,涉及数字的地方,应记录准确的数字,不得采用诸如"大约 15m^2"之类的措辞。工程监理日志充分展示了记录人在工程建设监理过程中的各项活动及其相关的影响,文字处理不当、出现错别字、涂改、语句不通、不符合逻辑、用词不当、不规范都会产生不良的后果。

在监理日志中不得出现概念模糊的字眼,例如,在监理日志中出现"估计""可能""基本上"等概念模糊的字眼,会使人对监理日志的真实性、可靠性产生怀疑,从而失去监理日志应起的作用。追记时间不得超过 24 小时,时间格式为 24 小时制。

3.3.2 编写监理周报

(1) 监理周报的内容和编写要点

一般可以参照监理规范中《监理月报》的格式和要求进行编写。但是周报更强调依据工程性质和业主要求,重点突出,内容简约。通常业主比较关心一周来有关工程的进度、施工质量、施工安全、存在的问题和建议、监理工作等方面内容,因此《监理周报》应该予以满足。

第一周周报内容:

①各施工单位的组织机构和现场负责人。

②进场时间。

③监理工程师的姓名和分工。

第二周以后各期周报内容:

①本周工程的进度　首先写明本周的时间跨度。进度分为"已完分项工程"和"正在进行的分项工程"两部分。如果描述到工序或者检验批,尽管比较准确,但是往往太过繁杂,容易使人看了不得要领,因此一般按照分项工程描述即可。

②施工质量　主要写施工单位质量保障体系做的工作,因此宜粗不宜细,宜全不宜专。材料、设备的进场检验情况,需要给出"进场材料、设备合格"的结论;施工单位为了加强质量控制做了哪些工作;对于质量通病、瑕疵或者问题,应该按照每个专业有重点地写出一项,但不宜将质量问题扩大化,应该就事论事;出现《监理通知》时,应在周报中简述通知内容和回复。给出"本期未发生质量事故"的结论;施工安全;存在的问题和建议;监理工作。

(2)注意事项

①工程名称应该与《施工合同》或者《监理委托合同》中的工程名称一致。

②《监理周报》要编号。

③具有签字权的监理工程师即可签发。注意写上执业号,方便各方核查。

④内容方面,应该详略结合。坚持以叙述客观发生的事情为主,提倡就事论事。那种凭主观想象,任意发挥,或拔高,或贬低的做法,应尽力避免。

⑤是否附材料、设备验收和中间过程验收情况照片,竣工验收阶段,统一向业主方提交一份进场材料、设备和中间过程验收的照片(光盘)。

⑥注意《监理周报》应该及时签发,尤其宜安排在业主方每周工作例会之前发出,方便业主方代表在工作会上向领导们汇报工程进展情况。如果业主方每周一上午举行工作例会,则一般在周五下班前将周报发出。条件许可时,可以利用电子邮件将周报的电子版发给业主方。双方见面时再签收书面文件。

3.3.3 编写监理月报

监理月报是项目监理组织全面总结一个月以来监理工作的重要文件。既要向建设单位汇报本月工程各方面的进展情况、目前工程尚存在哪些亟待解决的问题、项目监理机构做了哪些工作,有什么效果,又要向监理单位领导及有关部门汇报本月工程质量控制、进度控制、投资控制、合同管理、信息管理及协调参建各方关系所做的工作、存在的问题及经验教训。同时又为监理组织下一阶段工作作出计划与部署。监理月报具有强制性、时效性、权威性。

(1)监理月报的主要内容

按照建设工程监理规范(GB 50319—2000)的规定,施工阶段监理月报应包括以下内容:

①本月工程概况。

②本月工程形象进度。

③工程进度　本月实际完成情况与计划进度比较;对进度完成情况及采取措施效果的分析。

④工程质量　本月工程质量情况分析;本月采取的工程质量措施及效果。

⑤工程计量与工程款支付　工程量审核情况;工程款审批情况及月支付情况;工程款支付情况分析;本月采取的措施及效果。

⑥合同其他事项的处理情况。

⑦本月监理工作小结　对本月进度、质量、工程款支付等方面情况的综合评价;本月监理工作情况;有关本工程的意见和建议;下月监理工作的重点。

(2)监理月报编写的基本要求

①自项目监理组织进入现场开始至工程竣工结束止,每月均应编写。

②由总监理工程师主持,项目监理组织全体人员参与,负责提供相关资料和数据,指定专人负责具体编写。完成后由总监理工程师审核签发,报送建设单位、监理单位及其他有关单位。

③监理月报所包含内容的统计周期应作出统一规定,如上月的28日至本月的27日。

不能随意确定统计周期，使月报在时间涵盖上出现重复和不连续现象。

④监理月报应在每月 7 日前编写完成，并及时报送给建设单位、监理单位及其他有关单位。不能拖延甚至跨月报送。

⑤监理月报的封面应注明工程名称、年度、月份、编写人、审核人、监理单位、项目监理组织名称等内容，并统一格式、字体。

⑥监理月报的内容应按照建设工程监理规范（GB 50319—2000）的要求逐项编写，不得随意删减，需要增加内容应根据所增内容的性质归类到相应项目中。内容与格式应基本固定统一。

⑦监理月报的内容应客观真实，多用数据说话。突出中心工作，全面反映监理工作动态及工程情况。

(3) 编写监理月报应注意的问题

①思想重视，对编写监理月报不能敷衍了事。监理月报全面汇报了一个月来的监理工作，实事求是地反映存在或面临的问题，并制订相应的对策措施，对于合理规避风险，有效保护自己，谋求建设单位和有关方面的理解、支持和配合具有重要作用。同时，监理月报是否按时呈报、编写水平如何，也是建设单位及本监理单位用以衡量考核项目监理组的法治概念、工作态度、业务能力以及监理水平的主要内容之一。项目监理组织一定要重视、珍惜这项工作。

②监理月报应以文字叙述为主，内容客观真实，文字简练，表达有层次，突出重点，避免繁琐。既不允许夸大其词，也不能避重就轻，文过饰非。要有分析、有比较、有总结、有计划、有措施。

③要充分利用监理日志、监理工程师通知单、会议纪要等基础性文件记录的本月工程和监理工作信息，全面回顾本月的工作，有重点地编写监理月报。

④监理月报应包括本月所发生的土建、安装、装饰装修等多专业的内容，不应只反映一个专业的情况。

⑤建设工程监理规范（GB 50319—2000）中列出的内容排列顺序不得任意调换或合并，如本月未发生，应在项目后注明"本期未发生"。

⑥按照建设工程文件归档整理规范的要求，监理月报应使用 A4 规格纸打印，所有的图表、插页也应使用 A4 规格纸。

⑦监理月报中的各项技术用语应与国家标准、技术规范、规程中所用术语相同。

⑧监理月报中的各种统计数字均应由专业监理工程师进行实际计算，不得由施工单位代为填报。

⑨坚持 PDCA 循环思想，对提出的问题要有检查、有落实，并及时闭合。本期不能闭合的，应在下期或以后的月报中体现。

⑩避免由于监理月报编写不认真，造成流于形式，不求实效。总之，编写监理月报是一项复杂而又重要的工作，总监理工程师及项目监理组织的其他人员一定要充分认识，认真准备，积极参与，努力编写好监理月报。

3.3.4 质量评估报告

预验收结束后，总监理工程师应及时编写质量评估报告，由总监理工程师签字，项目监理机构技术负责人签认，加盖监理单位印章后提交建设单位。建设单位在没有收到监理方提交的质量评估报告下，不得组织竣工验收。质量评估报告的形式可以是纯文字，也可以是表格类。表格表示简单明了，便于填写；文字类，内容丰富、表述详尽，两种方式各有优点，可以根据相关单位要求选择表达方式。不论使用哪种表达方式，质量评估报告都应体现出以下几方面内容：

①工程概况。
②质量评估依据。
③质量控制情况　施工过程中及预验收过程中。
④安全文明施管理情况资料信息管理及技术资料管理情况。
⑤评估结论。

3.3.5　监理工作总结

项目竣工后，项目监理机构应对本工程的监理工作进行总结，监理工作总结经总监理工程师签字并加盖工程监理单位公章后分别报送建设单位。

监理工作总结的主要内容：

①工程概况。
②项目监理机构。
③建设工程监理合同履行情况。
④监理工作成效。
⑤监理工作中发现的问题及其处理情况。
⑥说明和建议。

3.3.6　施工阶段监理资料的整理

施工实施期收集的信息应该分类并由专门的部门或专人分级管理，项目监理部可从下列方面收集信息：

①施工单位人员及工程进度的动态信息。
②施工期间的气候动态信息。
③种苗、肥料、药品及其他材料的进场、保管、使用等信息。
④项目经理部管理程序；质量、进度、投资的事前、事中、事后控制措施；数据采集来源及采集、处理、存储、传递方式；工序间交接制度；事故处理制度；施工组织设计及技术方案执行的情况；工地文明施工及安全措施等。
⑤施工中需要执行的国家和地方规范、规程、标准；施工合同执行情况。
⑥施工中发生的工程数据，如隐蔽工程检查记录等。
⑦施工索赔相关信息　索赔程序、索赔依据、索赔证据和索赔处理意见等。

任务3.4　林业工程施工阶段问题处理

3.4.1　林业工程变更的处理

由于林业设计普遍水平较低，因此工程变更在林业生态工程建设中经常发生，其变更主要有以下几个方面：
①施工面积的变更。
②整地方式的变更。
③种苗以及有关材料的变更。
④其他变更。

工程变更原因可能是建设单位提出来的，也有可能是设计单位或施工单位提出来的，但无论哪方提出变更，都必须严格按照变更程序办。工程变更管理程序如图 3-1 所示。

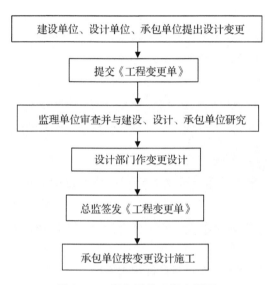

图 3-1　工程变更管理程序框图

3.4.2　林业工程质量事故的处理

目前，我国的林业生态工程建设，大多都没有自己的质量问题和质量事故的鉴定标准，根据国家林业局关于《造林质量事故行政责任追究制度的规定》，造林绿化工程质量事故标准分为三级：质量事故分为一般质量事故、重大质量事故和特大质量事故。

3.4.2.1　造林质量事故

(1) 造林质量事故概述

根据《国家林业局关于造林质量事故行政责任追究制度的规定》（林造发〔2001〕416号）第十二条，除不可抗拒的自然灾害原因外，有下列情形之一的，视为发生造林质量事故。

①连续两年未完成更新造林任务的。
②当年更新造林面积未达到应更新造林面积 50% 。
③除根据特别规定的干旱、半干旱地区以及沙荒风口、严重水土流失区外，更新造林经第二年补植成活率仍未达到 85% 的。
④植树造林责任单位未按照所在地县人民政府的要求按时完成造林任务的。
⑤宜林"四荒"当年造林成活率低于 40% 的；年均降水量在 400mm 以上地区及灌溉造林，当年成活率 41%～84%，第二年补植仍未达到 85% 的；年均降水量在 400mm 以下地

区，当年成活率41%~69%，第二年补植仍未达到70%的。

（2）造林质量事故标准划分

根据《国家林业局关于造林质量事故行政责任追究制度的规定》第十三条规定，造林质量事故标准分为三级：

①一般质量事故　国家重点林业生态工程连片造林质量事故面积33.3公顷以下；其他连片造林质量事故面积66.7公顷以下。

②重大质量事故　国家重点林业生态工程连片造林质量事故面积33.4~66.7公顷；其他连片造林质量事故面积66.8~333.3公顷。

③特大质量事故　国家重点林业生态工程连片造林质量事故面积66.8公顷以上；其他连片造林质量事故面积333.4公顷以上。

3.4.2.2　造林质量问题

至今造林质量问题没有明确规定，但根据《国家林业局关于造林质量事故行政责任追究制度的规定》对于质量事故认定的推断，出现造林质量达不到国家标准而又低于一般质量事故标准的，均可视为造林质量事故。

3.4.2.3　造成质量事故的原因

根据《国家林业局关于造林质量事故行政责任追究制度的规定》第十四条，造成质量事故的原因有：

①未按国家规定的审批程序报批或对不符合法律、法规和规章规定的造林项目予以批准的。

②未经原审批单位批准随意改变项目计划内容的。

③不按科学进行造林设计或不按科学设计组织施工的。

④使用假、冒、伪、劣种子或劣质苗木造林的。

⑤对本行政区内当年造林未依法组织检查验收或检查验收工作中弄虚作假的。

⑥未建立管护经营责任制或经营责任制不落实造成造林地毁坏严重的。

⑦虚报造林作业数量和质量的。

⑧其他人为原因造成造林质量事故的。

对施工质量事故，主要是上述③、④、⑥和⑧四种情况。

3.4.2.4　影响造林质量的因素

影响造林质量的因素，归结起来包括有人、机、料、法、环5个方面的因素。

①人　人的因素是主要原因，如在3.4.2.3的④中谈到的造成质量事故的原因，就是人为造成的。此外，施工和管理人员素质差，都会严重影响造林质量。因此，加强对施工人员的培训和管理监督，是提高造林质量的主要手段。

②机　使用了不合格的设备或没有必须使用的设备，如排水、灌溉、整地设备等；在关键时刻排不出去水会造成涝灾，在干旱时无法浇灌会造成旱灾，这些都会影响到造林质量。

③料　使用不合格的苗木、肥料、药品等。

④法　操作方法存在问题，如苗木包装运输方法不当、造林窝根等。

⑤环　环境方面存在的问题，如旱、涝、风灾以及人为干扰等。

3.4.2.5 造林质量事故与造林质量问题的处理程序

造林质量事故与造林质量问题的处理程序,是指监理机构对承包单位的施工违约造成的质量事故、质量问题的处理程序。

(1)造林质量事故的处理方案

造林质量事故的处理方案有以下类型:

①补植补播处理　这是最常用的一类处理方案。通常是某个检验批、分项分部的造林质量达不到国家或合同规定(不得低于国家标准)的要求,造林成活率在40%以上,采用补植补播的措施,使其造林成活率和保存率达到国家或合同规定要求。

②返工处理　当某个检验批、分项分部的造林质量达不到国家或合同规定的要求,造林成活率低于40%,则须返工重造。

③不做处理　当某个检验批、分项分部的造林质量达不到合同规定要求,但经验收满足国家标准要求,经双方协商,可以不做处理。例如,合同规定造林成活率达95%以上,而实际调查的造林成活率只有88%,满足国家规定的造林成活率在85%以上的验收标准,经双方协商,可不做处理(补植补播)。

(2)造林质量事故的处理程序

质量事故发生后,监理工程师应按以下程序进行处理:

①质量事故发生后,总监理工程师应签发《工程暂停令》并要求停止进行质量缺陷部位和与其有关联部位及下道工序施工(如整地不合格,不得进行栽植造林)。并要求责任单位在规定时间内按事故等级向相应的林业主管部门上报,写出书面报告。

②事故调查与分析　相关林业行政主管部门在接到责任单位上报的质量事故报告后,应成立质量事故调查组,组织建设、设计、承包、监理等单位对质量事故进行调查,对质量事故原因进行分析。

③通过事故调查分析,找出质量事故原因,分清责任(设计问题、种苗质量问题,还是施工方面的问题),并研究制订处理方案。

④总监理工程师审核签发处理方案。

⑤承包单位按批准设计方案进行施工,监理单位监督承包单位实施处理方案。

⑥实施处理完毕,承包单位自检合格,填写《报验申请表》,并附有关自检报告、监理工程师签认的隐蔽工程检查纪录和质量证明资料(如种苗植物检疫证、化验报告单、出厂合格证、质量检验证等材料),报监理机构申请验收,建设单位(或监理机构)组织验收。

⑦通过验收后,监理机构要求承包单位整理编写质量事故处理报告,由总监理工程师审核签认,并将有关处理记录、资料整理归档。

⑧总监理工程师签发《工程复工令》,恢复正常施工。

(3)质量问题的处理程序

质量问题在林业生态工程建设中经常发生,监理工程师应及时处理,防止问题扩大,发展为质量事故。质量问题按以下程序进行处理:

①总监理工程师向承包单位发出质量问题通知单,责令承包单位报送质量问题调查报告。

②审查承包单位提交的质量问题处理方案;总监理工程师审核签发。

③跟踪检查承包单位对已批准处理方案的实施情况。
④验收质量问题处理结果。
⑤要求承包单位向建设单位提交有关质量问题的处理报告。
⑥将完整的处理记录整理归档。

**课后练习**

1. 第一次工地会议内容主要包括哪些？
2. 如何编写监理日志？
3. 结合某一林业工程项目编写监理总结。

项目 4　林业工程养护阶段监理

项目概述

林业工程养护阶段监理是林业工程监理的重要环节，该阶段监理工作的好坏直接关系到林业生态工程竣工验收。本项目主要内容有林业工程养护方案审核，林业工程养护各工序监理。

知识目标

(1) 了解林业工程养护阶段主要工作内容。
(2) 掌握林业工程养护方案审核要点。
(3) 掌握林业工程养护各工序监理要点。

技能目标

(1) 能进行林业工程养护方案的审核。
(2) 具有林业养护阶段监理能力，能独立进行监理工作。
(3) 具有监理工作资料编写能力，能独立完成文字编写。

工作任务

某监理公司承担东山绿化工程项目管护阶段监理工作，公司派王监理工程师（可胜任总监）完成该任务，刘监理工程师该如何开展工作。
(1) 审核林业工程养护方案。
(2) 完成该工程养护各工序的监理工作。
(3) 完成养护阶段各类资料的编写。
(4) 各类问题的处理。

任务 4.1　林业工程养护方案审核

项目监理机构应督促施工单位根据管护阶段的工作特点编写《施工组织设计》，施工单位编写好管护阶段《施工组织设计》后，应填写《施工组织设计(方案)报审表》报项目监理机构审查。

《施工组织设计》审查内容主要包括管护人员、浇水、抚育设备的配备，补植苗木的采购，管护方案，技术和安全措施等。检查各施工单位提交的工程养护方案，审核苗木补植补种时间是否合适，劳动力安排是否合理，抚育管理措施是否及时到位，尤其是春季解冻水的浇灌时间，检查护林防火、病虫害防治、杂草清除等措施是否到位。审核合格后总监签发并监督执行。

任务 4.2 林业工程养护各工序监理

在管护阶段，大规模的植苗造林工作已经结束，但并不表示造林工作已随之结束。苗木从生长条件较好的苗圃移植到自然条件相对较差的山上，需要一个相对较长的适应过程，通常苗木需要在山上经过三年的野外生存锻炼，苗木的生长才趋于稳定，此后才可基本认定所栽植的苗木在离开人们的精心管护后能自己生存下来了。因此，通常把植苗后（包括植苗当年）的三年定为造林的管护阶段（缺陷保修期）。

施工阶段的竣工验收后，即进入造林的管护阶段（缺陷保修期）。管护阶段的工作主要有：抚育灌溉、补植、病虫害防治和护林防火。

4.2.1 抚育灌溉的监理

由于经过起苗、运输等环节，苗木的根系都会受到不同程度的伤害，到新的环境后，苗木根系生长还有一个适应过程，因此在植苗后的管护阶段，苗木的根系需要一个恢复生长期，因此它从土壤中的吸水能力往往难以与苗木地上部分的蒸腾保持平衡，为此苗木通常采用落叶等措施来尽量减少蒸腾，尽量保持水分的供需平衡。但如果根系的吸水能力小于苗木地上部分的蒸腾量，低于供需极限，就会导致苗木死亡。

为了给苗木根系吸收水分提供有利条件，通过采取抚育灌溉措施，尽量满足苗木地上部分的蒸腾所需。灌溉是让土壤增加一定的水分，抚育（培土、踩实、除草、覆盖地膜等）可防止苗木倒伏，切断土壤毛细管，降低土壤水分地面蒸发量，提高地温，促进苗木根系的恢复生长等。植苗后覆盖地膜是当前我们造林中推广的一项新技术，它可以提高地温，以利于苗木根系的恢复生长，同时可以减少整地穴内水分蒸发，起到节水作用。但在利用这项技术时要注意两个方面：一是在灌溉后，铺设地膜，地膜必须用土壤全部覆盖，防止地膜暴露在阳光下，致使地温升得过高，从而造成对苗木根系的破坏；二是在雨季到来前，应将地膜撤出，以利于雨水的自然灌溉。

管护阶段的抚育灌溉监理与施工植苗阶段监理相同，施工单位应按照设计要求和气温情况，观察苗木生长和土壤水分情况，及时进行抚育灌溉工作。在此项工作结束后，应对抚育灌溉工作进行自检，自检合格后，填写抚育/灌溉报验表，并附自检报告送监理单位验收。监理单位在收到抚育/灌溉报验申请后，应派营造林监理员到现场进行查看验收。

4.2.2 补植工作的监理

由于苗木质量、栽植质量、极端气候、造林后的管护不到位等多方原因，可能会造成部分苗木死亡。施工单位按照施工合同和作业设计，应在雨季、秋季或第二年的春季进行补植造林。

在施工单位补植前，监理人员应和施工单位共同分析造林部分苗木死亡的原因，通过多年的实践，造成植苗后大批苗木死亡的原因主要有以下4个方面：

①植苗后浇灌不及时或浇水量不足　该问题普遍存在，在我国的北方和西部地区，春旱现场很严重，因此水成为造林成败的关键。很多施工单位，在灌溉方面准备不足的情况

下，盲目追求进度，致使灌溉跟不上植苗进度，两者脱节，由于在造林后没有及时浇上水或浇水量不足，造成苗木生理干旱死亡。

②苗木问题　主要包括4个方面：一是苗木本身质量差，达不到设计要求，林业工程施工面大，造林季节短，监理人员难免存在监控盲区，因此一些施工单位存在侥幸心理，在报验好苗时，采用多报苗木进苗量，在偏僻的地方，进次苗，不报验，自以为聪明，结果适得其反，造林后成活没有保证。二是苗木前期采购工作准备不足，在造林期间某一树种某一规格的苗木供应紧张，施工单位饥不择食，为了完成造林任务，到处采购苗木，据发现，不按设计要求，在适生区外采购苗木，然后再到适生区内的林业局开具假证（植物检疫证和苗木合格证），蒙骗监理的事件经常出现。苗木本身就不宜在当地生长，自然成活率就很低了。三是在造林时，由于对进场没有来得及造林的苗木没有采取有效的保护措施，如没有采取假植、在苗木上洒水、放到荫凉处用覆盖物将其盖上，防止暴晒等措施，致使苗木失水等，降低了成活率。四是因建设单位的设计存在问题选择了不适宜的苗木品种。

③栽植问题　如在卸苗时，不注意对土球的保护，野蛮卸车，摔苗摔坏土球；也有的造林窝根；苗木栽得太深或栽得太浅；没有做苗木防风倒支撑或支撑不好，苗木出现倒伏等都会影响苗木的成活。

④其他原因　如牛羊等牲畜践踏、鼠兔吃苗、感染病虫害、火灾等。

针对施工单位在施工阶段出现的问题，在补植阶段，应总结教训，通过补植，使造林质量达到设计要求。

对施工单位补植施工的监理，与施工阶段的监理相同。

首先要严把苗木关，即把住苗木采购和苗木进场关。分析施工阶段因苗木问题导致苗木死亡的原因，项目监理机构需加强对施工单位补植苗木质量的控制，苗木采购和苗木进场报验均按施工阶段的监理程序，通过对施工单位提交的《苗木/种子供应单位资质报审表》和施工单位提交《植苗报验表》进行审查，监理人员到现场查验苗木质量这两道程序来进行苗木的质量控制。

其次是要抓好栽植和浇水关。补植工作开展前，项目监理机构应要求施工单位技术人员对施工人员进行栽植技术培训，在施工单位补植工作完成后，需进行自检，在自检合格后，填写《植苗报验表》，并附自检报告送项目监理机构验收。项目监理机构在收到植苗报验申请后，应派营造林监理员到现场对其补植质量进行查看验收。

4.2.3　病虫害防治的监理

管护阶段要及时做好病虫害的防治工作，以防为主，精心管养，使植物增强抗病虫能力，经常检查，早发现、早处理。采取综合防治、化学防治、物理人工防治和生物防治等方法防止病虫害蔓延和影响植物生长。尽量采用生物防治的办法，以减少对环境的污染。主要措施有：

①维护生态平衡，贯彻"预防为主，综合治理"的防治方针。充分利用森林植物的多样化来保护和增殖天敌，抑制病虫危害。

②应做好森林病虫害的预测预报工作，根据病虫害的发生规律，及时做好森林植物病虫害的防治工作。防治效果应达到95%以上。

4.2.4 护林防火的监理

在工程竣工移交之前,施工单位应负责施工区内新造林地的安全,森林火灾和牛羊践踏也是可能导致我们造林失败的一个不可忽视因素,对此项工作,监理主要是督促施工单位制定有关管护制度即可。

检查各施工单位的护林防火管理制度和组织机构,查看是否落实到位,责任到人。监理要制定明确的护林防火检查制度,建立奖惩制度,会同建设方不定期抽查,对于护林防火工作不到位的单位和个人进行处罚。

课后练习

1. 如何编写林业工程养护阶段监理方案?
2. 结合某一林业工程项目编写林业工程养护阶段监理总结。

项目 5　林业工程竣工阶段监理

项目概述

林业工程竣工阶段监理是林业工程监理最后一个环节，该阶段监理工作主要是对林业工程进行验收、评价及工程监理资料的整理与移交等。本项目主要内容有林业工程预验收，参与林业工程正式竣工，编写林业工程监理总结，工程监理资料的整理、归档与移交。

知识目标

(1) 掌握林业工程预验收要点。
(2) 掌握林业工程施工资料的审核要点。
(3) 掌握林业工程监理总结的编写要点。
(4) 掌握林业工程林业工程资料整理、归档与移交。

技能目标

(1) 具有审核施工竣工资料的能力。
(2) 具有编写林业工程预验收方案的能力，可以组织林业工程预验收。
(3) 具有撰写林业工程监理总结的能力。
(4) 具有林业工程资料整理、归档与移交的能力。

工作任务

某监理公司承担东山绿化工程项目竣工阶段监理工作，刘监理工程师担任该项目总监工程师，刘总监需要完成以下工作。

(1) 完成该项目各标段施工资料审核工作。
(2) 编写该项目林业工程预验收方案，组织相关人员进行该项目预验收，并撰写预验收报告。
(3) 撰写该项目林业工程监理总结。
(4) 整理、归档、移交该项目全部监理资料。

任务 5.1　林业工程竣工准备

当工程完成后，施工单位应依据验收规范、设计图纸等组织有关人员进行自检，对检查结果进行评定，符合要求后，写出自检报告并填写单位工程竣工验收报审表以及有关竣工资料报送项目监理机构申请验收。

营造林工程的竣工质量验收一般分为施工阶段的竣工验收和项目总验收。施工阶段竣工验收和项目总验收均要进行预验收和正式验收。

5.1.1 编写林业工程预验收方案

(1) 编写预验收方案的目的及重要性

为了科学、公平地对林业工程质量和工程量进行检验和评价，为工程正式验收创造条件，项目监理机构在组织预验收之前应该认真编写林业工程预验收方案。

由于林业工程占地广、施工环境复杂难走、验收费时、费人、费力，施工阶段竣工验收又极为重要，所以在林业工程施工阶段竣工验收时，常常会在业主充分认同监理方预验收方案的基础上，将预验收结果认同为正式验收结果，做为工程款支付的主要依据，所以，预验收方案的科学性、可操作性、验收结果的可靠性就更为业主和施工单位所关注。

(2) 预验收方案的主要内容

①工程概况。
②预验收依据。
③预验收要求及规定。
④预验收安排。
⑤预验收组织及人员分工。
⑥预验收的程序与步骤。
⑦预验收结果结论及整改工作要求。
⑧附件。

5.1.2 审核林业工程资料

林业工程各施工单位在提交《工程竣工报验单》(表 5-1) 的同时，应按合同要求，将全套施工资料提交项目监理机构进行审查。

项目监理机构接到施工单位提交的《工程竣工报验单》后，总监理工程师应先组织监理人员对其提交的全套施工资料进行审核，审核通过后方可组织相关人员进入现场进行工程实体验收。

审核林业工程资料主要根据相关规定审核资料的规范性、完整性和正确性。

任务 5.2　林业工程施工阶段竣工验收

总监理工程师组织项目监理机构人员对施工单位提交的工程资料审核通过后，按预验收方案组织相关人员进行工程实体验收。

营造林工程施工阶段的竣工验收主要是侧重于工程造林的数量和质量。目前有的地方的生态投资很大，每亩造林成本已达五六千元，甚至多达数万元，不同的树种、不同规格的苗木造林成本不同，单株苗木造林投入从几十元到数万元不等，因此营造林工程的竣工验收已由过去的面积验收逐步发展到要求对面积和株数的验收。因营造林工程是满山遍野造林，有的是在荒山秃岭上造林，有的是在沟壑林立的荒山上造林，有的是在灌丛中造林，可见营造林造林施工场地极为复杂，因此要想较为准确地计算施工作业面积、数清造林株数，其难度是不言而喻的。相比其他建设工程，营造林工程的竣工验收更为复杂。

营造林工程的施工阶段的验收时间通常在施工合同中进行了约定,有的约定在春季造林结束后的 5 月下旬进行,有的约定在秋季造林结束后的 10 月下旬进行。大多选择后者,为了便于验收,监理单位应根据当地的实际情况,在入冬下雪前完成造林施工验收工作。

营造林工程的特性决定了它独特的验收方法,现结合营造林工程监理中的实践,简单介绍营造林工程竣工验收的程序和方法。

5.2.1 验收程序

(1) 制定防止施工单位虚报造林成果的管理办法

根据林业生产多年的经验,施工单位虚报造林面积和株数的现象相当普遍,为防止施工单位虚报造林成果,建设单位有必要在竣工验收前制定有关防止施工单位虚报造林成果的管理办法,并施工单位签订有关如实上报造林成果、虚报将予以处罚的约定,以防止施工单位虚报造林成果。由于营造林工程的造林地形复杂,小班施工作业面积往往小于小班面积,造林实际面积和株数往往达不到设计的面积和株数,而施工单位常常利用林业生产的这种复杂性,故意用设计面积和株数来代替上报完成面积和株数,这样就形成了虚报。因此,在验收前最好制定一个管理办法,由施工单位向建设单位签订一份《诚信承诺书》,防止虚报,从而可以避免在下一阶段的验收中出现不必要的麻烦,为工程竣工顺利验收打下一个好的基础。

《诚信承诺书》样式如下:

诚信承诺书

_____ 林业局:

按照施工合同约定,我公司已于×月×日完成施工合同约定的造林任务。经自检,质量、数量均达到合同约定要求,现将其自检材料如实报上,请予以审查验收。我公司承诺,所上报材料真实可靠,如有虚报,我公司将承担虚报工程款 2 倍的处罚。

施工单位(章)

项目负责人(签名)

_____年_____月_____日

---

(2) 施工单位自检工作

施工单位必须搞好自检工作、整理施工资料、填写《造林成果汇总表》,如实上报造林成果,绘制竣工示意图,向项目监理机构提交《单位工程竣工验收报审表》(表 5-1),申请竣工验收。

施工单位在工程造林结束后,根据建设单位与施工单位签订的施工合同,项目监理机构应及时敦促施工单位做好自检工作,对不合格苗和死苗进行更换,遗栽的空地应及时补植。经自检合格后,整理施工资料,绘制竣工示意图(图 5-1),向项目监理机构如实上报

表 5-1 单位工程竣工验收报审表

工程名称		编 号	
地　点		日　期	

致：_____（项目监理机构）

我方已按施工合同要求完成_____工程，经自检合格，现将有关资料报上，请予以验收。

附件：1. 工程竣工申请报告
　　　2. 造林成果汇总表
　　　3. 工程竣工示意图

施工单位（盖章）

项目经理（签字）

年　月　日

预验收意见：

经预验收，该工程合格/不合格，可以/不可以组织正式验收。

项目监理机构（盖章）

总监理工程师（签字、加盖执业印章）

年　月　日

填报说明：本表一式三份，项目监理机构、建设单位、施工单位各一份。

造林成果，填写《工程造林成果（分小班）汇总表》（表 5-2）和《工程造林成果（分树种）汇总表》（表 5-3）。提交《单位工程竣工验收报审表》，申请竣工验收。

(3) 项目监理机构认真审查施工单位上报的有关资料

项目监理机构对照施工单位在施工过程中的报验材料和监理人员验收的质量和数量情况，认真审核施工单位上报的有关资料，确认上报材料是否真实可靠。具体审查内容有：

①上报造林的苗木规格、数量与苗木报验的规格、数量是否一致　在施工中进苗的数量应大于或等于造林植苗的数量，如果进苗量小，上报的植苗多，其原因可能有二：一是

施工单位虚报造林成果；二是施工单位未按设计采购了不合格苗，在进苗时未向项目监理机构报验。

②上报造林的面积和株数与整地报验的株数和植苗报验的面积和株数是否一致 如果上报造林的面积和株数大于整地报验的株数和植苗报验的面积和株数，则可断定施工单位虚报造林成果。

(4) 项目监理机构组织竣工预验收，建设单位组织竣工验收

监理单位在审核通过施工单位上报的有关资料后，便可组织施工阶段竣工预验收。监理单位组织施工阶段竣工预验收的目的：一是通过预验收，发现问题，及时通知施工单位进行整改；二是为建设单位组织施工阶段竣工验收提供依据。监理单位在预验收结束后，应写出预验收报告，报请建设单位组织施工阶段竣工验收。建设单位组织竣工验收，监理单位应参与验收工作。

由于营造林工程施工造林面积大、分散，交通不便，当前的预验收和验收通常采用以下两种方法进行：

①由项目监理机构组织，建设单位代表、施工单位技术负责人参加，组成预验收小组，到各施工单位(标段)现场进行抽查验收，此验收以质量验收为主，发现问题，由项目监理机构签发《监理通知》，责成施工单位整改。在抽查合格后，项目监理机构签发《工程竣工报验单》，提请建设单位组织正式竣工验收。竣工验收由建设单位组织，监理单位、施工单位参加，逐小班进行验收，验收的内容包括作业面积和植苗株数。

②由项目监理机构组织，建设单位代表、施工单位技术负责人参加，组成预验收小组，对施工造林现场进行逐小班验收，验收的内容包括作业面积和植苗株数。发现问题，由项目监理机构签发《监理通知》，责成施工单位整改，整改结束后，再报请验收。预验收结果和整改验收报告一并报建设单位审查，建设单位在确认预验收程序规范、方法科学合理、资料齐全的前提下，对预验收结果予以确认，可将预验收结果视为竣工验收结果。

5.2.2 预验收方法

营造林工程的竣工验收，是根据施工单位上报的造林面积、株数以及质量情况，由建设单位、监理单位、施工单位联合组织到现场进行核实的过程。因此，验收的基础是施工单位上报的造林面积和株数。如外业验收的误差在允许范围内($<5\%$)，就应认可施工单位的上报数，质量验收主要是当年造林成活率，并对苗木和栽植进行质量评价。

营造林工程不同于其他建设工程，满山遍野造林，交通不便，从而为外业验收工作带来了很大的困难。针对营造林工程的这一特点，根据施工造林现场的情况，分别采用不同的验收方法，具体采用的方法有以下两种：

(1) 数树法

营造林工程造林投入相对较大，往往采用大苗栽植，苗高多在 1.5m 以上，株行距比较规整，针对这一特点，在验收时，通常采用数树法计算造林株数和面积。数树时需记录内容有苗木的品种、规格、株数、不合格苗木和死树数量，并对苗木质量和栽植质量进行评价(通常采用优、良、一般、差四个档次)，采用《预验收外业调查表(一)》(表5-4)。数树法分为以下3种：

①利用几何原理数树　在数树前,在现场可将施工单位绘制的竣工示意图与小班造林实际情况进行对照,将其分解为多个相对规整的几何形状,对于一些面积不规整的地块,可以凭经验采用切、补面积的方式,将其变为相对规整的矩形、梯形、三角形等几何形状,再计算出每一地块的株数,相加则可求出小班内的总株数来(图5-1)。

对于造林不合格株数和死苗的计算,采用随机或机械抽样方法进行推算。

②利用数码相机进行数树　在有条件的地方,可站在验收小班对面的山坡上,用数码相机进行拍照,然后在电脑上进行判读数树。

③直接数树　对一些面积不大,形状极不规整的地块,可直接数树。

由于工程造林株行距比较规整,计算小班作业面积,可用单位造林密度除以总株数求出:

小班作业面积(亩)＝总株数(株)/每亩造林密度(株/亩)

(2) 用 GPS 卫星定位仪测小班面积,设标准地计算造林密度,然后计算小班造林总株数

此方法主要用于造林苗木较小(在1.5m以下),造林地不规整的小班,采用《预验收外业调查表(二)》(表5-5)。具体做法是:

用 GPS 测量小班作业面积,在小班内设标准地计算造林平均密度,然后用小班面积乘以造林平均密度方可求出小班造林总株数(图5-2):

小班造林平均密度(株/亩) ＝ $[\sum(样地内合格造林株数)/\sum(样地面积 m^2)] \times 667$

小班造林总数(株) ＝ 小班面积(亩) × 造林平均密度(株/亩)

小班造林成活率 ＝ $[\sum(样地内造林成活株数)/\sum(样地内造林总株数)] \times 100\%$

关于设小班标准地的有关规定如下:

①设标准地　用百米测绳,采用随机或机械抽样方法,平行等高线或垂直等高线拉绳设标准地,测绳两侧5m内为标准地的宽,测绳长为标准地长,则标准地面积为:测绳长×10m。

②记录标准地内苗木的品种、规格、株数、死树数量。

③小班抽查样地面积比例　小班面积在100亩以下,抽查面积为小班面积的5%;小班面积100~450亩,抽查面积为3%;小班面积在450亩以上,抽查面积不少于2%。

5.2.3　预验收结果的处理

对验收结果的分析处理,应按照投资控制的要求,在认真做好计量工作,做到不超计、不漏计,在施工单位自身计量的基础上,只对符合设计、合同质量要求部分进行确认。外业调查验收结果填入《预验收外业调查表(一)》或《预验收外业调查表(二)》(表5-5)。然后汇总填入《预验收外业调查(分树种)汇总表》(表5-6)。依据验收结果,应与设计和施工单位上报造林成果进行对照,做如下审核确认:

①根据施工合同约定,施工单位上报小班造林株数和面积与建设单位组织的竣工验收的小班造林株数和面积的误差不大于5%,且上报小班造林株数和面积小于或等于设计株数和面积,将对上报小班造林株数和面积予以确认。

②如某小班实测的造林株数大于设计株数,经现场查验,造成造林株数大于设计株数的原因是施工单位擅自加大了造林密度所致,则造林株数应按《造林作业设计》株数计算。

③如某小班实测的造林面积大于小班设计面积,并超过允许面积误差,则为设计错误,责任在于建设单位,因此监理单位应与建设单位协商,所超的造林面积和株数应予计量。

④如某小班实测造林株数低于设计株数,并大于允许误差,施工单位按实际造林情况上报,经现场调查,并非设计有误,责任在于施工单位,为施工单位未按设计完成任务,项目监理机构应对施工单位下达《监理通知》,限期整改,对该小班不予验收。

⑤如某小班实测造林株数低于设计株数,并大于允许误差,而施工单位却按设计造林株数上报,虽经现场调查,造成造林株数低于设计株数的原因是设计有误,如小班立地条件差,无法按设计的株行距施工等,对此建设单位应承担设计责任,但施工单位虚报造林成果,建设单位和项目监理机构应对其错误行为予以通报批评,并按签订的《诚信承诺书》的有关约定,对施工单位进行处罚。项目监理机构应责成施工单位重新如实上报,按实测株数验收。

⑥如某小班实测造林株数低于设计株数,并大于允许误差,且施工单位已如实按造林情况上报,经现场调查,是设计有误,如小班立地条件差,无法按设计的株行距施工,责任在于建设单位,项目监理机构应按实测株数验收,对于因单位面积造林株数减少,造成单株造林成本增加的情况,如施工单位要求索赔,项目监理机构可与建设单位和施工单位协商,酌情予以补助。

⑦如发现某标段(施工单位)上报造林株数大于实际造林数,并超过允许误差,建设单位和项目监理机构应对虚报施工单位予以通报批评,并按签订的《诚信承诺书》的有关约定,对施工单位进行处罚。项目监理机构应责成施工单位重新如实上报,按实测株数验收。

造林成果验收审核结果,应填入《预验收内业审核表》(表5-7),报总监理工程师审核批准。

经项目监理机构对报验资料及现场全面检查、验收合格后,由总监理工程师签署《工程竣工报验单》,并向建设单位提出质量评估报告。

5.2.4 施工阶段正式竣工验收

当正式验收与预验收分开进行时,建设单位收到施工单位提交的工程竣工验收报告和完整的质量控制资料,以及项目监理机构提交的工程质量评估报告后,应由建设单位组织施工单位、设计、监理等单位项目负责人进行工程正式验收。

工程正式验收应当具备下列条件:
①完成工程设计和合同约定的各项内容。
②有完整的技术档案和施工管理资料。
③有工程使用的主要材料、设备进场报告。
④有勘察、设计、施工、工程监理等单位分别签署的质量合格文件。
验收结果将做为进度款支付及工程结算的主要依据。
林业工程施工阶段竣工验收的正式验收,方法同预验收。

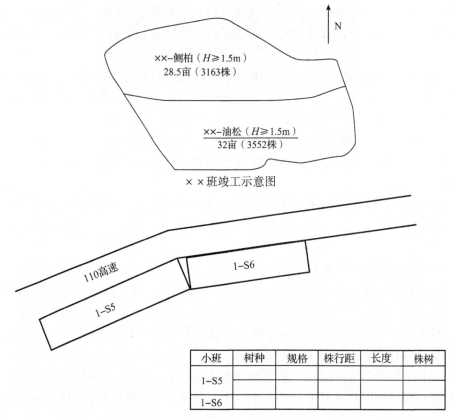

图 5-1 ×标段××小班工程竣工示意图

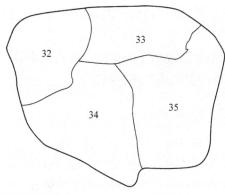

小班号	面积（亩）	树种	规格（苗高）(cm)	行距（m×m）	数量（株）
32	15	侧柏	100	3×4	840
33	16	油松	80	3×4	896
34	41	樟子松	80	3×4	2296
35	43	樟子松	80	3×4	2408
合计	115	—		—	6440

图 5-2 ×标段××检验批竣工示意图

（竣工图由施工单位根据小班造林情况绘制）

表 5-2　工程造林成果(分小班)汇总表

施工单位：　　　　　　　　标段：　　　　　　　　　　　　　　　　　　单位：亩、株

小班	设计					完成					成活率(%)	备注
	作业面积	树种	规格	株行距	株数	作业面积	树种	规格	株行距	株数		

注：此表由施工单位填报。

表 5-3　工程造林成果(分树种)汇总表

施工单位：　　　　　　　　标段：　　　　　　　　　　　　　　　　　　单位：亩、株

序号	设计				完成				苗木产地
	作业面积	树种	规格	株数	作业面积	树种	规格	株数	

注：此表由施工单位填报。

表 5-4 预验收外业调查表(一)

施工单位：　　　　　　　　　标段：　　　　　　　　　　　　　　　　单位：亩、株

小班	作业面积	树种	规格	株行距	株数			质量评价		成活率（%）	备注
					计	合格	不合格	死苗	苗木	栽植		

验收人员：　　　　　　　　　　　　　验收日期：

注：1. 此表由参加验收的监理人员填写，参加验收的建设单位代表、监理员和施工单位技术负责人签字。

2. 质量评价分优、良、一般、差 4 档。

表 5-5 预验收外业调查表(二)

施工单位：　　　　　　　　　标段：

小班	GPS		样地号	样地面积（m²）	设计（株/亩）	小班面积（亩）	树种	株数			质量评价		实际植苗（株/亩）	小班造林（株）计	成活率（%）
	E	N						计	合格	不合格	死苗	苗木	栽植			
1	2	3	4	5	6	7		8	9	10	11	12	13	14	15	16

参加验收人员：　　　　　　　　　　　　　验收时间：

注：1. 此表由参加验收的监理人员填写，参加验收的建设单位代表、监理员和施工单位技术负责人签字。

2. 质量评价分优、良、一般、差 4 档。

表 5-6　预验收外业调查(分树种)汇总表

施工单位：　　　　　　　　　标段：　　　　　　　　　　　　　　　　单位：株

序号	树种	规格	株数				质量评价		成活率（%）	备注
			计	合格	不合格	死苗	苗木	栽植		

参加验收人员：　　　　　　　　　　　　　　　　　　　验收时间：

注：此表由项目监理机构汇总，参加验收的建设单位代表、监理员和施工单位技术负责人签字。

表 5-7　预验收内业审核表

施工单位：　　　　　　　　　　　　　　　　　　　　标段：

序号	树种	规格	设计		上报		验收		审核		备注
			面积	株数	面积	株数	面积	株数	面积	株数	

监理审核员：　　　　　　　　　　　　　　　日期：
总监理工程师：

任务5.3 项目总验收与结算审核

5.3.1 项目总验收

项目总验收与施工阶段验收类似，也分为监理单位组织的预验收和建设单位组织的总验收。由于在施工阶段已经对施工单位造林面积和造林株数进行了详细的核实验收，因此总验收工作相对比较简单，主要是验收造林存活率，对工程质量进行综合评定。

为了确保总验收工作的顺利进行，项目监理机构应认真审查施工单位的总验收申请，组织施工单位技术负责人和建设单位代表到现场查看造林保存率情况，对在施工阶段验收中存在争议的工程量进行重新核实认定，并写出预验收报告，如果在预验收中发现不足之处（包括保存率达不到合同要求、施工现场未清理等），应签发《监理通知》要求施工单位及时整改，为总验收做好准备。

总验收由建设单位组织，监理单位和施工单位技术人员参加。建设单位组织总验收前，首先要查看施工单位和项目监理机构报送的施工资料和监理资料，特别是施工阶段竣工验收资料和总验收竣工预验收报告。建设单位在施工阶段验收资料和总验收预验收报告的基础上组织总验收。验收是以小班为单位，在小班内设标准地抽查保存率，面积按施工阶段已验收的小班面积计量。总验收中不仅要查看保存率，还要在施工现场对施工质量、苗木生长情况、施工现场清理（文明施工）等情况进行综合评价。

总验收结束，项目监理机构写监理总结报告，建设单位写项目总结报告。整个工程项目建设结束。

5.3.2 审核林业工程结算

工程通过总验收后，承包单位递交《工程竣工验收报告》的日期为实际竣工日期。承包人应在发包人对竣工验收报告签认后的规定期限内向发包人递交竣工结算报告和完整的结算资料。

项目监理机构应在规定的时间内完成对竣工结算的审核工作。审核竣工结算是投资控制监理工作的一项重要内容。对竣工结算的审核工作，监理方的角色不同于审核单位，重点审核结算资料的完整性和正确性。

任务5.4 林业工程的移交

承包人在收到工程竣工结算价款后，应在规定的期限内将竣工项目移交发包人，及时转移撤出施工现场，解除施工现场全部管理责任。

对林业工程而言，工程移交工作包括内容：

①在规定时间内向发包人移交工程竣工资料。

②项目监理机构应督促承包人在规定的时间内及时整理施工资料并装订成册，移交给发包人；监理人也应整理监理资料并装订成册，移交给发包人，通常各方各装订5份，交建设单位3份，施工单位和项目监理机构各保存1份。

林业工程施工资料和监理资料通常包含以下内容，具体名录根据合同要求酌情增减。

5.4.1 林业工程施工资料

(1) 施工阶段的施工资料

①施工合同文件。

②施工单位有关材料 营业执照和绿化资质;有关上岗人员职业资格证书(如机械操作工等)。

③施工组织设计报审材料 包括《施工组织设计(方案)报审表》及施工组织设计(方案)。

④施工进度计划报审材料 包括《施工进度计划报审表》及施工进度计划。

⑤作业设计文件。

⑥设计交底与图纸会审会议纪要。

⑦原材料供应单位资格报审材料 包括苗木、肥料、药品等生产厂家(苗圃)的资格报审表及苗木/种子供应等单位的营业执照、苗木/种子等农林物资经营许可证等资料。

⑧开工报审材料 包括《开工报审表》及开工报告。

⑨《工程暂停令》《复工报审表》《复工报告》《工程复工令》及附件。

⑩报验材料 包括报验申请表,各工序(施工控制测量成果、整地施肥、植苗、浇水抚育等)完成报验申请表及自检报告。

⑪原材料进场报审材料 包括苗木、肥料、药品等材料进场时的随车报验材料(苗木两证一签,其他材料的质量证明材料)。

⑫分部工程(灌溉设施)施工报验材料 《分部工程(灌溉设施)施工报验表》;自检报告;施工各工序质量报验表;施工记录;竣工图。

⑬施工阶段工程竣工验收申请材料 《单位工程竣工验收报审表》;工程竣工申请报告;造林成果汇总表;工程竣工示意图。

⑭来往函件。

⑮质量缺陷与事故的处理文件。

⑯索赔文件资料。

⑰《监理通知》及《监理通知回复单》(附整改报告)。

⑱《工程款支付申请表》。

(2) 管护阶段的施工资料

① 施工组织设计报审材料 包括《施工组织设计(管护阶段)报审表》及管护阶段施工组织设计。

②原材料供应单位资格报审材料 包括苗木、肥料、药品等生产厂家(苗圃)的资格报审表及苗木/种子供应等单位的营业执照、苗木/种子等农林物资经营许可证等资料。

③原材料进场报审材料 包括补植苗木、肥料、药品等材料进场时报审表和随车报验材料(苗木两证一签,其他材料的质量证明材料)。

④报验材料 补植报验材料和抚育灌溉报验材料。

⑤管护工作结束后的报验申请材料 《分部工程(管护阶段)验收报审表》;自检报告等附件。

⑥来往函件。

⑦质量缺陷与事故的处理文件。
⑧索赔文件资料。
⑨设计变更文件。
⑩《监理通知》及《监理通知回复单》(附整改报告)。
⑪《工程款支付申请表》。

5.4.2 林业工程监理资料

①委托监理合同。
②项目监理机构有关材料。
③监理规划。
④监理实施细则。
⑤设计交底与图纸会审会议纪要。
⑥第一次工地会议、监理例会、专题会议等会议纪要。
⑦监理周报。
⑧质量缺陷与事故的处理文件。
⑨工程阶段预验收资料。
⑩索赔文件资料。
⑪《监理通知》、工作联系单与《监理报告》。
⑫工程计量、工程款支付文件资料。
⑬来往函件。
⑭监理日志。
⑮监理工作总结。

课后练习

1. 结合某一具体项目写出竣工预验收方案。
2. 竣工验收阶段监理项目部需要准备哪些资料?

参考文献

陈鑫峰.2000.京西山区森林景观评价和风景游憩林营建研究——兼论太行山区的森林游憩业建设[D].北京：北京林业大学.

邓铁军,季同月,龚亮英.2004.监理公司向工程项目管理咨询公司转变的研究[J].建筑经济(2)：29.

丁彪.2004.简述监理企业核心能力的提升[J].建设监理(6)：56.

丁士昭.1990.建设监理导论[M].上海：上海快必达软件出版.

冯康安.2012.林业生态工程特点及监理对策[J].山西林业科技(1)：15.

冯康安.2013.林业生态工程各阶段监理重点[J].甘肃农林科技(2)：22.

冯康安,马国强,刘俊英,等.2015.工程监理专业教学模式研究[J].山西林业教育(1)：45-46.

付长青,李金勇.2012.工程监理[M].大连：东北财经大学出版社.

韩东锋.2005.园林工程建设监理[M].北京：化学工业出版社.

侯文卿.2011.对提高园林绿化工程质量管理与控制的几点思考[J].辽宁建材,15.

姜德文.2002.生态工程建设监理[M].北京：中国标准出版社.

李杰.2005.中国工程监理业现状与发展研究[D].成都：西南交通大学.

李明道.2014.监理服务行业面临的困境与发展的探讨[J].建设监理,55-56.

李素英.2007.森林公园在我国自然保护区系统中的地位[J].甘肃林业(4)：44.

李晓红,刘霞莉.2002.园林事业的发展呼唤园林工程监理[J].中国园林(2)：57-58.

李泫心.2004.浅谈如何进行施工阶段的质量监理[J].交通标准化(12)：68-70.

李志辉,何立新,何友军.2006.林业工程监理[M].北京：国防科技大学出版社.

刘桦.2008.建设工程监理概论[M].北京：化学工业出版社.

刘建新.1999.监理概论[M].北京：人民交通出版社.

刘晓林.2012.刍议园林绿化工程施工质量管理与控制[J].四川建材,49-51.

刘永新.2004.对建设监理发展的思考[J].建设监理(12)：68.

庞洪钧.2013.园林建设工程监理现状与对策探讨[J].现代园艺(10)：23.

山西省人民政府办公厅.2010.山西省林业生态建设总体规划纲要(2011—2020年)[R].

史苏兵.2012.如何做好园林绿化建设监理工作[J].城市建设理论研究(7)：71.

唐志刚.2007.欧阳晓琦舔谈校园园林工程监理要点[J].现代农业科技(9)：40-41.

天津方正园林建设监理中心.2006.园林建设工程施工监理手册[M].北京：中国林业出版社.

王华,刁广浩.2006.浅议高速公路施工期绿化工程监理[J].科技信息(7)：71.

王家远.2002.监理行业面临的突出问题[J].建筑经济(5):7.

王丽萍.2011.太原市太钢城郊森林公园绿化规划[J].吉林农业(4):28.

王彦军.2011.浅谈我国园林绿化工程监理的现状[J].建设监理(4):28.

魏代谋.2011.园林绿化工程监理规范化研究[D].杨凌:西北农林科技大学.

武海燕,张华奎.2013.探讨园林绿化建设中的施工监理要点[J].科技视界(17):25-26.

谢坚勋,等.2004.浅谈工程监理和项目管理接轨[J].建设监理(3):27.

徐巧峰.2011.山西省城郊森林公园建设与发展调查研究[D].西北农林科技大学.

杨颖林.2007.电力建设监理企业发展策略研究[D].北京:华北电力大学.

俞娟.2013.我国园林建设工程监理现状与对策探讨[J].西北林学院学报(1):23.

虞德平.2006.园林绿化工程监理简明手册[M].北京:中国建筑工业出版社.

赵继明.2011.浅谈林业生态工程监理信息管理[J].甘肃科技,26.

郑荣跃.2004.中国建设监理行业发展探论[J].求索(5):52.

中国建设监理协会.2013.建设工程监理规范GB/T 50319—2013[R].北京:中国建筑工业出版社.

Beverly Metcalfe. 1997. Project Management System Design:A Socialand Organizational Analysis[J]. International Journal of Productioneconomies. 52.

Jonas Ssderlund. 2004. Building Theories of Project Management:Past Research,Questions for The Future[J]. International Journal of Project Management. 22.

Michael Brown. 2001. 英国建设监理及执业资格认证制度(在中英项目管理研讨会上的发言)[J].建设监理(5):17-19.

Nael G. Bunni. 1997. The FIDIC Form of Contract,The 4th Edition of the Red Book[J]. Blaekwell Scienoe Ltd(2):25-26.

附录1 建设工程监理规范

(国标，编号 GB/T 50319—2013，2014年3月1日实行)

1 总则

1.1 为规范建设工程监理与相关服务行为，提高建设工程监理与相关服务水平，制定本规范。

1.2 本规范适用于新建、扩建、改建建设工程监理与相关服务活动。

1.3 实施建设工程监理前，建设单位应委托具有相应资质的工程监理单位，并以书面形式与工程监理单位订立建设工程监理合同，合同中应包括监理工作的范围、内容、服务期限和酬金，以及双方的义务、违约责任等相关条款。

在订立建设工程监理合同时，建设单位将勘察、设计、保修阶段等相关服务一并委托的，应在合同中明确相关服务的工作范围、内容、服务期限和酬金等相关条款。

1.4 工程开工前，建设单位应将工程监理单位的名称，监理的范围、内容和权限及总监理工程师的姓名书面通知施工单位。

1.5 在建设工程监理工作范围内，建设单位与施工单位之间涉及施工合同的联系活动，应通过工程监理单位进行。

1.6 实施建设工程监理应遵循下列主要依据：
①法律、法规及工程建设标准。
②建设工程勘察设计文件。
③建设工程监理合同及其他合同文件。

1.7 建设工程监理应实行总监理工程师负责制。

1.8 建设工程监理宜实施信息化管理。

1.9 工程监理单位应公平、独立、诚信、科学地开展建设工程监理与相关服务活动。

1.10 建设工程监理与相关服务活动，除应符合本规范外，尚应符合国家现行有关标准的规定。

2 术语

2.1 工程监理单位(construction project management enterprise)
依法成立并取得建设主管部门颁发的工程监理企业资质证书，从事建设工程监理与相关服务活动的服务机构。

2.2 建设工程监理(construction project management)
工程监理单位受建设单位委托，根据法律、法规、工程建设标准、勘察设计文件及合同，在施工阶段对建设工程质量、造价、进度进行控制，对合同、信息进行管理，对工程建设相关方的关系进行协调,并履行建设工程安全生产管理法定职责的服务活动。

2.3 相关服务(related services)

工程监理单位受建设单位委托,按照建设工程监理合同约定,在建设工程勘察、设计、保修等阶段提供的服务活动。

2.4 项目监理机构(project management department)

工程监理单位派驻工程负责履行建设工程监理合同的组织机构。

2.5 注册监理工程师(registered project management engineer)

取得国务院建设主管部门颁发的《中华人民共和国注册监理工程师注册执业证书》和执业印章,从事建设工程监理与相关服务等活动的人员。

2.6 总监理工程师(chief project management engineer)

由工程监理单位法定代表人书面任命,负责履行建设工程监理合同、主持项目监理机构工作的注册监理工程师。

2.7 总监理工程师代表(representative of chief project management engineer)

经工程监理单位法定代表人同意,由总监理工程师书面授权,代表总监理工程师行使其部分职责和权力,具有工程类注册执业资格或具有中级及以上专业技术职称、3 年及以上工程实践经验并经监理业务培训的人员。

2.8 专业监理工程师(specialty project management engineer)

由总监理工程师授权,负责实施某一专业或某一岗位的监理工作,有相应监理文件签发权,具有工程类注册执业资格或具有中级及以上专业技术职称、2 年及以上工程实践经验并经监理业务培训的人员。

2.9 监理员(site supervisor)

从事具体监理工作,具有中专及以上学历并经过监理业务培训的人员。

2.10 监理规划(project management planning)

项目监理机构全面开展建设工程监理工作的指导性文件。

2.11 监理实施细则(detailed rules for project management)

针对某一专业或某一方面建设工程监理工作的操作性文件。

2.12 工程计量(engineering measuring)

根据工程设计文件及施工合同约定,项目监理机构对施工单位申报的合格工程的工程量进行的核验。

2.13 旁站(key works supervising)

项目监理机构对工程的关键部位或关键工序的施工质量进行的监督活动。

2.14 巡视(patrol inspecting)

项目监理机构对施工现场进行的定期或不定期的检查活动。

2.15 平行检验(parallel testing)

项目监理机构在施工单位自检的同时,按有关规定、建设工程监理合同约定对同一检验项目进行的检测试验活动。

2.16 见证取样(sampling witness)

项目监理机构对施工单位进行的涉及结构安全的试块、试件及工程材料现场取样、封样、送检工作的监督活动。

2.17 工程延期(construction duration extension)

由于非施工单位原因造成合同工期延长的时间。

2.18 工期延误(delay of construction period)

由于施工单位自身原因造成施工期延长的时间。

2.19 工程临时延期批准(approval of construction duration temporary extension)

发生非施工单位原因造成的持续性影响工期事件时所作出的临时延长合同工期的批准。

2.20 工程最终延期批准(approval of construction duration final extension)

发生非施工单位原因造成的持续性影响工期事件时所作出的最终延长合同工期的批准。

2.21 监理日志(daily record of project management)

项目监理机构每日对建设工程监理工作及施工进展情况所做的记录。

2.22 监理月报(monthly report of project management)

项目监理机构每月向建设单位提交的建设工程监理工作及建设工程实施情况等分析总结报告。

2.23 设备监造(supervision of equipment manufacturing)

项目监理机构按照建设工程监理合同和设备采购合同约定,对设备制造过程进行的监督检查活动。

2.24 监理文件资料(project document & data)

工程监理单位在履行建设工程监理合同过程中形成或获取的,以一定形式记录、保存的文件资料。

3 项目监理机构及其设施

3.1 一般规定

(1)工程监理单位实施监理时,应在施工现场派驻项目监理机构。项目监理机构的组织形式和规模,可根据建设工程监理合同约定的服务内容、服务期限,以及工程特点、规模、技术复杂程度、环境等因素确定。

(2)项目监理机构的监理人员应由总监理工程师、专业监理工程师和监理员组成,且专业配套、数量应满足建设工程监理工作需要,必要时可设总监理工程师代表。

(3)工程监理单位在建设工程监理合同签订后,应及时将项目监理机构的组织形式、人员构成及对总监理工程师的任命书面通知建设单位。

(4)工程监理单位调换总监理工程师时,应征得建设单位书面同意;调换专业监理工程师时,总监理工程师应书面通知建设单位。

(5)一名注册监理工程师可担任一项建设工程监理合同的总监理工程师。当需要同时担任多项建筑工程监理合同的总监理工程师时,应经建设单位书面同意,且最多不得超过三项。

(6)施工现场监理工作全部完成或建设工程监理合同终止时,项目监理机构可撤离施工现场。

3.2 监理人员职责

(1) 总监理工程师应履行下列职责：

①确定项目监理机构人员及其岗位职责。

②组织编制监理规划，审批监理实施细则。

③根据工程进展及监理工作情况调配监理人员，检查监理人员工作。

④组织召开监理例会。

⑤组织审核分包单位资格。

⑥组织审查施工组织设计、（专项）施工方案。

⑦审查工程开复工报审表，签发工程开工令、暂停令和复工令。

⑧组织检查施工单位现场质量、安全生产管理体系的建立及运行情况。

⑨组织审核施工单位的付款申请，签发工程款支付证书，组织审核竣工结算。

⑩组织审查和处理工程变更。

⑪调解建设单位与施工单位的合同争议，处理工程索赔。

⑫组织验收分部工程，组织审查单位工程质量检验资料。

⑬审查施工单位的竣工申请，组织工程竣工预验收，组织编写工程质量评估报告，参与工程竣工验收。

⑭参与或配合工程质量安全事故的调查和处理。

⑮组织编写监理月报、监理工作总结，组织整理监理文件资料。

(2) 总监理工程师不得将下列工作委托给总监理工程师代表：

①组织编制监理规划，审批监理实施细则。

②根据工程进展及监理工作情况调配监理人员。

③组织审查施工组织设计、（专项）施工方案。

④签发工程开工令、暂停令和复工令。

⑤签发工程款支付证书，组织审核竣工结算。

⑥调解建设单位与施工单位的合同争议，处理工程索赔。

⑦审查施工单位的竣工申请，组织工程竣工预验收，组织编写工程质量评估报告，参与工程竣工验收。

⑧参与或配合工程质量安全事故的调查和处理。

(3) 专业监理工程师应履行下列职责：

①参与编制监理规划，负责编制监理实施细则。

②审查施工单位提交的涉及本专业的报审文件，并向总监理工程师报告。

③参与审核分包单位资格。

④指导、检查监理员工作，定期向总监理工程师报告本专业监理工作实施情况。

⑤检查进场的工程材料、构配件、设备的质量。

⑥验收检验批、隐蔽工程、分项工程，参与验收分部工程。

⑦处置发现的质量问题和安全事故隐患。

⑧进行工程计量。

⑨参与工程变更的审查和处理。

⑩ 组织编写监理日志，参与编写监理月报。

⑪ 收集、汇总、参与整理监理文件资料。
⑫ 参与工程竣工预验收和竣工验收。
（4）监理员应履行下列职责：
①检查施工单位投入工程的人力、主要设备的使用及运行状况。
②进行见证取样。
③复核工程计量有关数据。
④检查工序施工结果。
⑤发现施工作业中的问题，及时指出并向专业监理工程师报告。

3.3 监理设施

（1）建设单位应按建设工程监理合同约定，提供监理工作需要的办公、交通、通信、生活等设施。
项目监理机构宜妥善使用和保管建设单位提供的设施，并应按建设工程监理合同约定的时间移交建设单位。
（2）工程监理单位宜按建设工程监理合同约定，配备满足监理工作需要的检测设备和工具。

4 监理规划及监理实施细则

4.1 一般规定

（1）监理规划应结合工程实际情况，明确项目监理机构的工作目标，确定具体的监理工作制度、内容、程序、方法和措施。
（2）监理实施细则应符合监理规划的要求，并应具有可操作性。

4.2 监理规划

（1）监理规划可在签订建设工程监理合同及收到工程设计文件后由总监理工程师组织编制，并应在召开第一次工地会议前报送建设单位。
（2）监理规划编审应遵循下列程序：
①总监理工程师组织专业监理工程师编制。
②总监理工程师签字后由工程监理单位技术负责人审批。
（3）监理规划应包括下列主要内容：
①工程概况。
②监理工作的范围、内容、目标。
③监理工作依据。
④监理组织形式、人员配备及进退场计划、监理人员岗位职责。
⑤监理工作制度。
⑥工程质量控制。
⑦工程造价控制。
⑧工程进度控制。
⑨安全生产管理的监理工作。
⑩ 合同与信息管理。

⑪ 组织协调。
⑫ 监理工作设施。

(4)在实施建设工程监理过程中,实际情况或条件发生变化而需要调整监理规划时,应由总监理工程师组织专业监理工程师修改,并应经工程监理单位技术负责人批准后报建设单位。

4.3 监理实施细则

(1)对专业性较强、危险性较大的分部分项工程,项目监理机构应编制监理实施细则。

(2)监理实施细则应在相应工程施工开始前由专业监理工程师编制,并应报总监理工程师审批。

(3)监理实施细则的编制应依据下列资料:
①监理规划。
②工程建设标准、工程设计文件。
③施工组织设计、(专项)施工方案。

(4)监理实施细则应包括下列主要内容:
①监理工作流程。
②监理工作要点。
③监理工作方法及措施。

(5)在实施建设工程监理过程中,监理实施细则可根据实际情况进行补充、修改,并应经总监理工程师批准后实施。

5 工程质量、造价、进度控制及安全生产管理的监理工作

5.1 一般规定

(1)项目监理机构应根据建设工程监理合同约定,遵循动态控制原理,坚持预防为主的原则,制定和实施相应的监理措施,采用旁站、巡视和平行检验等方式对建设工程实施监理。

(2)监理人员应熟悉工程设计文件,并应参加建设单位主持的图纸会审和设计交底会议,会议纪要应由总监理工程师签认。

(3)工程开工前,监理人员应参加由建设单位主持召开的第一次工地会议,会议纪要应由项目监理机构负责整理,与会各方代表应会签。

(4)项目监理机构应定期召开监理例会,并组织有关单位研究解决与监理相关的问题。项目监理机构可根据工程需要,主持或参加专题会议,解决监理工作范围内工程专项问题。

监理例会以及由项目监理机构主持召开的专题会议的会议纪要,应由项目监理机构负责整理,与会各方代表应会签。

(5)项目监理机构应协调工程建设相关方的关系。项目监理机构与工程建设相关方之间的工作联系,除另有规定外宜采用工作联系单形式进行。

(6)项目监理机构应审查施工单位报审的施工组织设计,符合要求时,应由总监理工

程师签认后报建设单位。项目监理机构应要求施工单位按已批准的施工组织设计组织施工。施工组织设计需要调整时，项目监理机构应按程序重新审查。

施工组织设计审查应包括下列基本内容：

①编审程序应符合相关规定。

②施工进度、施工方案及工程质量保证措施应符合施工合同要求。

③资金、劳动力、材料、设备等资源供应计划应满足工程施工需要。

④安全技术措施应符合工程建设强制性标准。

⑤施工总平面布置应科学合理。

(7)施工组织设计或(专项)施工方案报审表，应按规范表的要求填写。

(8)总监理工程师应组织专业监理工程师审查施工单位报送的工程开工报审表及相关资料；同时具备下列条件时，应由总监理工程师签署审核意见，并应报建设单位批准后，总监理工程师签发工程开工令：

①设计交底和图纸会审已完成。

②施工组织设计已由总监理工程师签认。

③施工单位现场质量、安全生产管理体系已建立，管理及施工人员已到位，施工机械具备使用条件，主要工程材料已落实。

④进场道路及水、电、通信等已满足开工要求。

(9)工程开工报审表应按规范表的要求填写。工程开工令应按本规范表 A.0.2 的要求填写。

(10)分包工程开工前，项目监理机构应审核施工单位报送的分包单位资格报审表，专业监理工程师提出审查意见后，应由总监理工程师审核签认。

分包单位资格审核应包括下列基本内容：

①营业执照、企业资质等级证书。

②安全生产许可文件。

③类似工程业绩。

④专职管理人员和特种作业人员的资格。

(11)分包单位资格报审表应按规范表的要求填写。

(12)项目监理机构宜根据工程特点、施工合同、工程设计文件及经过批准的施工组织设计对工程风险进行分析，并宜提出工程质量、造价、进度目标控制及安全生产管理的防范性对策。

5.2 工程质量控制

(1)工程开工前，项目监理机构应审查施工单位现场的质量管理组织机构、管理制度及专职管理人员和特种作业人员的资格。

(2)总监理工程师应组织专业监理工程师审查施工单位报审的施工方案，符合要求后应予以签认。

施工方案审查应包括下列基本内容：

①编审程序应符合相关规定。

②工程质量保证措施应符合有关标准。

(3)施工方案报审表应按规范表的要求填写。

(4)专业监理工程师应审查施工单位报送的新材料、新工艺、新技术、新设备的质量认证材料和相关验收标准的适用性,必要时,应要求施工单位组织专题论证,审查合格后报总监理工程师签认。

(5)专业监理工程师应检查、复核施工单位报送的施工控制测量成果及保护措施,签署意见。专业监理工程师应对施工单位在施工过程中报送的施工测量放线成果进行查验。

施工控制测量成果及保护措施的检查、复核,应包括下列内容:

①施工单位测量人员的资格证书及测量设备检定证书。

②施工平面控制网、高程控制网和临时水准点的测量成果及控制桩的保护措施。

(6)施工控制测量成果报验表应按规范表的要求填写。

(7)专业监理工程师应检查施工单位为工程提供服务的实验室。

实验室的检查应包括下列内容:

①实验室的资质等级及试验范围。

②法定计量部门对试验设备出具的计量检定证明。

③实验室管理制度。

④实验人员资格证书。

(8)施工单位的实验室报审表应按规范表的要求填写。

(9)项目监理机构应审查施工单位报送的用于工程的材料、构配件、设备的质量证明文件,并应按有关规定、建设工程监理合同约定,对用于工程的材料进行见证取样、平行检验。

项目监理机构对已进场经检验不合格的工程材料、构配件、设备,应要求施工单位限期将其撤出施工现场。

工程材料、构配件、设备报审表应按规范表的要求填写。

(10)专业监理工程师应审查施工单位定期提交影响工程质量的计量设备的检查和检定报告。

(11)项目监理机构应根据工程特点和施工单位报送的施工组织设计,确定旁站的关键部位、关键工序,安排监理人员进行旁站,并应及时记录旁站情况。

旁站记录应按规范表的要求填写。

(12)项目监理机构应安排监理人员对工程施工质量进行巡视。巡视应包括下列主要内容:

①施工单位是否按工程设计文件、工程建设标准和批准的施工组织设计、(专项)施工方案施工。

②使用的工程材料、构配件和设备是否合格。

③施工现场管理人员,特别是施工质量管理人员是否到位。

④特种作业人员是否持证上岗。

(13)项目监理机构应根据工程特点、专业要求,以及建设工程监理合同约定,对施工质量进行平行检验。

(14)项目监理机构应对施工单位报验的隐蔽工程、检验批、分项工程和分部工程进行验收,对验收合格的应给予签认;对验收不合格的应拒绝签认,同时应要求施工单位在指定的时间内整改并重新报验。

对已同意覆盖的工程隐蔽部位质量有疑问的，或发现施工单位私自覆盖工程隐蔽部位的，项目监理机构应要求施工单位对该隐蔽部位进行钻孔探测、剥离或其他方法进行重新检验。

隐蔽工程、检验批、分项工程报验表应按规范表的要求填写。分部工程报验表应按规范表的要求填写。

(15)项目监理机构发现施工存在质量问题的，或施工单位采用不适当的施工工艺，或施工不当，造成工程质量不合格的，应及时签发监理通知单，要求施工单位整改。整改完毕后，项目监理机构应根据施工单位报送的监理通知回复单对整改情况进行复查，提出复查意见。

监理通知单应按规范表的要求填写，监理通知回复单应按规范表的要求填写。

(16)对需要返工处理或加固补强的质量缺陷，项目监理机构应要求施工单位报送经设计等相关单位认可的处理方案，并应对质量缺陷的处理过程进行跟踪检查，同时应对处理结果进行验收。

(17)对需要返工处理或加固补强的质量事故，项目监理机构应要求施工单位报送质量事故调查报告和经设计等相关单位认可的处理方案，并应对质量事故的处理过程进行跟踪检查，同时应对处理结果进行验收。

项目监理机构应及时向建设单位提交质量事故书面报告，并应将完整的质量事故处理记录整理归档。

(18)项目监理机构应审查施工单位提交的单位工程竣工验收报审表及竣工资料，组织工程竣工预验收。存在问题的，应要求施工单位及时整改；合格的，总监理工程师应签认单位工程竣工验收报审表。

单位工程竣工验收报审表应按规范表的要求填写。

(19)工程竣工预验收合格后，项目监理机构应编写工程质量评估报告，并应经总监理工程师和工程监理单位技术负责人审核签字后报建设单位。

(20)项目监理机构应参加由建设单位组织的竣工验收，对验收中提出的整改问题，应督促施工单位及时整改。工程质量符合要求的，总监理工程师应在工程竣工验收报告中签署意见。

5.3 工程造价控制

(1)项目监理机构应按下列程序进行工程计量和付款签证：

①专业监理工程师对施工单位在工程款支付报审表中提交的工程量和支付金额进行复核，确定实际完成的工程量，提出到期应支付给施工单位的金额，并提出相应的支持性材料。

②总监理工程师对专业监理工程师的审查意见进行审核，签认后报建设单位审批。

③总监理工程师根据建设单位的审批意见，向施工单位签发工程款支付证书。

(2)工程款支付报审表应按规范表的要求填写，工程款支付证书应按规范表的要求填写。

(3)项目监理机构应编制月完成工程量统计表，对实际完成量与计划完成量进行比较分析，发现偏差的，应提出调整建议，并应在监理月报中向建设单位报告。

(4)项目监理机构应按下列程序进行竣工结算款审核：

①专业监理工程师审查施工单位提交的竣工结算款支付申请，提出审查意见。

②总监理工程师对专业监理工程师的审查意见进行审核，签认后报建设单位审批，同时抄送施工单位，并就工程竣工结算事宜与建设单位、施工单位协商；达成一致意见的，根据建设单位审批意见向施工单位签发竣工结算款支付证书；不能达成一致意见的，应按施工合同约定处理。

(5)工程竣工结算款支付报审表应按规范表的要求填写，竣工结算款支付证书应按规范表的要求填写。

5.4 工程进度控制

(1)项目监理机构应审查施工单位报审的施工总进度计划和阶段性施工进度计划，提出审查意见，并应由总监理工程师审核后报建设单位。

施工进度计划审查应包括下列基本内容：

①施工进度计划应符合施工合同中工期的约定。

②施工进度计划中主要工程项目无遗漏，应满足分批投入试运、分批动用的需要，阶段性施工进度计划应满足总进度控制目标的要求。

③施工顺序的安排应符合施工工艺要求。

④施工人员、工程材料、施工机械等资源供应计划应满足施工进度计划的需要。

⑤施工进度计划应符合建设单位提供的资金、施工图纸、施工场地、物资等施工条件。

(2)施工进度计划报审表应按规范表的要求填写。

(3)项目监理机构应检查施工进度计划的实施情况，发现实际进度严重滞后于计划进度且影响合同工期时，应签发监理通知单，要求施工单位采取调整措施加快施工进度。总监理工程师应向建设单位报告工期延误风险。

(4)项目监理机构应比较分析工程施工实际进度与计划进度，预测实际进度对工程总工期的影响，并应在监理月报中向建设单位报告工程实际进展情况。

5.5 安全生产管理的监理工作

(1)项目监理机构应根据法律、法规、工程建设强制性标准，履行建设工程安全生产管理的监理职责，并应将安全生产管理的监理工作内容、方法和措施纳入监理规划及监理实施细则。

(2)项目监理机构应审查施工单位现场安全生产规章制度的建立和实施情况，并应审查施工单位安全生产许可证及施工单位项目经理、专职安全生产管理人员和特种作业人员的资格，同时应核查施工机械和设施的安全许可验收手续。

(3)项目监理机构应审查施工单位报审的专项施工方案，符合要求的，应由总监理工程师签认后报建设单位。超过一定规模的、危险性较大的分部分项工程的专项施工方案，应检查施工单位组织专家进行论证、审查的情况，以及是否附具安全验算结果。项目监理机构应要求施工单位按已批准的专项施工方案组织施工。专项施工方案需要调整时，施工单位应按程序重新提交项目监理机构审查。

专项施工方案审查应包括下列基本内容：

①编审程序应符合相关规定。

②安全技术措施应符合工程建设强制性标准。

(4)专项施工方案报审表应按规范表的要求填写。

(5)项目监理机构应巡视检查危险性较大的分部分项工程专项施工方案实施情况。发现未按专项施工方案实施时,应签发监理通知单,要求施工单位按专项施工方案实施。

(6)项目监理机构在实施监理过程中,发现工程存在安全事故隐患时,应签发监理通知单,要求施工单位整改;情况严重时,应签发工程暂停令,并应及时报告建设单位。施工单位拒不整改或不停止施工时,项目监理机构应及时向有关主管部门报送监理报告。

监理报告应按规范表的要求填写。

6 工程变更、索赔及施工合同争议处理

6.1 一般规定

(1)项目监理机构应依据建设工程监理合同约定进行施工合同管理,处理工程暂停及复工、工程变更、索赔及施工合同争议、解除等事宜。

(2)施工合同终止时,项目监理机构应协助建设单位按施工合同约定处理施工合同终止的有关事宜。

6.2 工程暂停及复工

(1)总监理工程师在签发工程暂停令时,可根据停工原因的影响范围和影响程度,确定停工范围,并应按施工合同和建设工程监理合同的约定签发工程暂停令。

(2)项目监理机构发现下列情况之一时,总监理工程师应及时签发工程暂停令:

①建设单位要求暂停施工且工程需要暂停施工的。

②施工单位未经批准擅自施工或拒绝项目监理机构管理的。

③施工单位未按审查通过的工程设计文件施工的。

④施工单位违反工程建设强制性标准的。

⑤施工存在重大质量、安全事故隐患或发生质量、安全事故的。

(3)总监理工程师签发工程暂停令应事先征得建设单位同意,在紧急情况下未能事先报告时,应在事后及时向建设单位作出书面报告。

工程暂停令应按规范表的要求填写。

(4)暂停施工事件发生时,项目监理机构应如实记录所发生的情况。

(5)总监理工程师应会同有关各方按施工合同约定,处理因工程暂停引起的与工期、费用有关的问题。

(6)因施工单位原因暂停施工时,项目监理机构应检查、验收施工单位的停工整改过程、结果。

(7)当暂停施工原因消失、具备复工条件时,施工单位提出复工申请的,项目监理机构应审查施工单位报送的工程复工报审表及有关材料,符合要求后,总监理工程师应及时签署审查意见,并应报建设单位批准后签发工程复工令;施工单位未提出复工申请的,总监理工程师应根据工程实际情况指令施工单位恢复施工。

工程复工报审表应按规范表的要求填写,工程复工令应按规范表的要求填写。

6.3 工程变更

（1）项目监理机构可按下列程序处理施工单位提出的工程变更：

①总监理工程师组织专业监理工程师审查施工单位提出的工程变更申请，提出审查意见。对涉及工程设计文件修改的工程变更，应由建设单位转交原设计单位修改工程设计文件。必要时，项目监理机构应建议建设单位组织设计、施工等单位召开论证工程设计文件的修改方案的专题会议。

②总监理工程师组织专业监理工程师对工程变更费用及工期影响作出评估。

③总监理工程师组织建设单位、施工单位等共同协商确定工程变更费用及工期变化，会签工程变更单。

④项目监理机构根据批准的工程变更文件监督施工单位实施工程变更。

（2）工程变更单应按规范表的要求填写。

（3）项目监理机构可在工程变更实施前与建设单位、施工单位等协商确定工程变更的计价原则、计价方法或价款。

（4）建设单位与施工单位未能就工程变更费用达成协议时，项目监理机构可提出一个暂定价格并经建设单位同意，作为临时支付工程款的依据。工程变更款项最终结算时，应以建设单位与施工单位达成的协议为依据。

（5）项目监理机构可对建设单位要求的工程变更提出评估意见，并应督促施工单位按会签后的工程变更单组织施工。

6.4 费用索赔

（1）项目监理机构应及时收集、整理有关工程费用的原始资料，为处理费用索赔提供证据。

（2）项目监理机构处理费用索赔的主要依据应包括下列内容：

①法律、法规。

②勘察设计文件、施工合同文件。

③工程建设标准。

④索赔事件的证据。

（3）项目监理机构可按下列程序处理施工单位提出的费用索赔：

①受理施工单位在施工合同约定的期限内提交的费用索赔意向通知书。

②收集与索赔有关的资料。

③受理施工单位在施工合同约定的期限内提交的费用索赔报审表。

④审查费用索赔报审表。需要施工单位进一步提交详细资料时，应在施工合同约定的期限内发出通知。

⑤与建设单位和施工单位协商一致后，在施工合同约定的期限内签发费用索赔报审表，并报建设单位。

（4）费用索赔意向通知书应按规范表的要求填写；费用索赔报审表应按规范表的要求填写。

（5）项目监理机构批准施工单位费用索赔应同时满足下列条件：

①施工单位在施工合同约定的期限内提出费用索赔。

②索赔事件是因非施工单位原因造成，且符合施工合同约定。

③索赔事件造成施工单位直接经济损失。

（6）当施工单位的费用索赔要求与工程延期要求相关联时，项目监理机构可提出费用索赔和工程延期的综合处理意见，并应与建设单位和施工单位协商。

（7）因施工单位原因造成建设单位损失，建设单位提出索赔时，项目监理机构应与建设单位和施工单位协商处理。

6.5　工程延期及工期延误

（1）施工单位提出工程延期要求符合施工合同约定时，项目监理机构应予以受理。

（2）当影响工期事件具有持续性时，项目监理机构应对施工单位提交的阶段性工程临时延期报审表进行审查，并应签署工程临时延期审核意见后报建设单位。

当影响工期事件结束后，项目监理机构应对施工单位提交的工程最终延期报审表进行审查，并应签署工程最终延期审核意见后报建设单位。

工程临时延期报审表和工程最终延期报审表应按规范表的要求填写。

（3）项目监理机构在批准工程临时延期、工程最终延期前，均应与建设单位和施工单位协商。

（4）项目监理机构批准工程延期应同时满足下列条件：

①施工单位在施工合同约定的期限内提出工程延期。

②因非施工单位原因造成施工进度滞后。

③施工进度滞后影响到施工合同约定的工期。

（5）施工单位因工程延期提出费用索赔时，项目监理机构可按施工合同约定进行处理。

（6）发生工期延误时，项目监理机构应按施工合同约定进行处理。

6.6　施工合同争议

（1）项目监理机构处理施工合同争议时应进行下列工作：

①了解合同争议情况。

②及时与合同争议双方进行磋商。

③提出处理方案后，由总监理工程师进行协调。

④当双方未能达成一致时，总监理工程师应提出处理合同争议的意见。

（2）项目监理机构在施工合同争议处理过程中，对未达到施工合同约定的暂停履行合同条件的，应要求施工合同双方继续履行合同。

（3）在施工合同争议的仲裁或诉讼过程中，项目监理机构应按仲裁机关或法院要求提供与争议有关的证据。

6.7　施工合同解除

（1）因建设单位原因导致施工合同解除时，项目监理机构应按施工合同约定与建设单位和施工单位按下列款项协商确定施工单位应得款项，并应签发工程款支付证书：

①施工单位按施工合同约定已完成的工作应得款项。

②施工单位按批准的采购计划订购工程材料、构配件、设备的款项。

③施工单位撤离施工设备至原基地或其他目的地的合理费用。

④施工单位人员的合理遣返费用。

⑤施工单位合理的利润补偿。

⑥施工合同约定的建设单位应支付的违约金。

(2)因施工单位原因导致施工合同解除时,项目监理机构应按施工合同约定,从下列款项中确定施工单位应得款项或偿还建设单位的款项,并应与建设单位和施工协商后,书面提交施工单位应得款项或偿还建设单位款项的证明:

①施工单位已按施工合同约定实际完成的工作应得款项和已给付的款项。
②施工单位已提供的材料、构配件、设备和临时工程等的价值。
③对已完工程进行检查和验收、移交工程资料、修复已完工程质量缺陷等所需的费用。
④施工合同约定的施工单位应支付的违约金。

(3)因非建设单位、施工单位原因导致施工合同解除时,项目监理机构应按施工合同约定处理合同解除后的有关事宜。

7 监理文件资料管理

7.1 一般规定

(1)项目监理机构应建立完善监理文件资料管理制度,宜设专人管理监理文件资料。
(2)项目监理机构应及时、准确、完整地收集、整理、编制、传递监理文件资料。
(3)项目监理机构宜采用信息技术进行监理文件资料管理。

7.2 监理文件资料内容

(1)监理文件资料应包括下列主要内容:

①勘察设计文件、建设工程监理合同及其他合同文件。
②监理规划、监理实施细则。
③设计交底和图纸会审会议纪要。
④施工组织设计、(专项)施工方案、施工进度计划报审文件资料。
⑤分包单位资格报审文件资料。
⑥施工控制测量成果报验文件资料。
⑦总监理工程师任命书,开工令、暂停令、复工令,工程开工或复工报审文件资料。
⑧工程材料、构配件、设备报验文件资料。
⑨见证取样和平行检验文件资料。
⑩工程质量检查报验资料及工程有关验收资料。
⑪工程变更、费用索赔及工程延期文件资料。
⑫工程计量、工程款支付文件资料。
⑬监理通知单、工作联系单与监理报告。
⑭第一次工地会议、监理例会、专题会议等会议纪要。
⑮监理月报、监理日志、旁站记录。
⑯工程质量或生产安全事故处理文件资料。
⑰工程质量评估报告及竣工验收监理文件资料。
⑱监理工作总结。

(2）监理日志应包括下列主要内容：
①天气和施工环境情况。
②当日施工进展情况。
③当日监理工作情况，包括旁站、巡视、见证取样、平行检验等情况。
④当日存在的问题及处理情况。
⑤其他有关事项。
(3）监理月报应包括下列主要内容：
①本月工程实施情况。
②本月监理工作情况。
③本月施工中存在的问题及处理情况。
④下月监理工作重点。
(4）监理工作总结应包括下列主要内容：
①工程概况。
②项目监理机构。
③建设工程监理合同履行情况。
④监理工作成效。
⑤监理工作中发现的问题及其处理情况。
⑥说明和建议。

7.3 监理文件资料归档

(1）项目监理机构应及时整理、分类汇总监理文件资料，并应按规定组卷，形成监理档案。
(2）工程监理单位应根据工程特点和有关规定，保存监理档案，并应向有关单位、部门移交需要存档的监理文件资料。

8 设备采购与设备监造

8.1 一般规定

(1）项目监理机构应根据建设工程监理合同约定的设备采购与设备监造工作内容配备监理人员，并明确岗位职责。
(2）项目监理机构应编制设备采购与设备监造工作计划，并应协助建设单位编制设备采购与设备监造方案。

8.2 设备采购

(1）采用招标方式进行设备采购时，项目监理机构应协助建设单位按有关规定组织设备采购招标。采用其他方式进行设备采购时，项目监理机构应协助建设单位进行询价。
(2）项目监理机构应协助建设单位进行设备采购合同谈判，并应协助签订设备采购合同。
(3）设备采购文件资料应包括下列主要内容：
①建设工程监理合同及设备采购合同。
②设备采购招投标文件。

③工程设计文件和图纸。
④市场调查、考察报告。
⑤设备采购方案。
⑥设备采购工作总结。

8.3 设备监造

(1)项目监理机构应检查设备制造单位的质量管理体系,并应审查设备制造单位报送的设备制造生产计划和工艺方案。

(2)项目监理机构应审查设备制造的检验计划和检验要求,并应确认各阶段的检验时间、内容、方法、标准,以及检测手段、检测设备和仪器。

(3)专业监理工程师应审查设备制造的原材料、外购配套件、元器件、标准件,以及坯料的质量证明文件及检验报告,并应审查设备制造单位提交的报验资料,符合规定时应予以签认。

(4)项目监理机构应对设备制造过程进行监督和检查,对主要及关键零部件的制造工序应进行抽检。

(5)项目监理机构应要求设备制造单位按批准的检验计划和检验要求进行设备制造过程的检验工作,并应做好检验记录。项目监理机构应对检验结果进行审核,认为不符合质量要求时,应要求设备制造单位进行整改、返修或返工。当发生质量失控或重大质量事故时,应由总监理工程师签发暂停令,提出处理意见,并应及时报告建设单位。

(6)项目监理机构应检查和监督设备的装配过程。

(7)在设备制造过程中如需要对设备的原设计进行变更时,项目监理机构应审查设计变更,并应协调处理因变更引起的费用和工期调整,同时应报建设单位批准。

(8)项目监理机构应参加设备整机性能检测、调试和出厂验收,符合要求后应予以签认。

(9)在设备运往现场前,项目监理机构应检查设备制造单位对待运设备采取的防护和包装措施,并应检查是否符合运输、装卸、储存、安装的要求,以及随机文件、装箱单和附件是否齐全。

(10)设备运到现场后,项目监理机构应参加设备制造单位按合同约定与接收单位的交接工作。

(11)专业监理工程师应按设备制造合同的约定审查设备制造单位提交的付款申请单,提出审查意见,并应由总监理工程师审核后签发支付证书。

(12)专业监理工程师应审查设备制造单位提出的索赔文件,提出意见后报总监理工程师,并应由总监理工程师与建设单位、设备制造单位协商一致后签署意见。

(13)专业监理工程师应审查设备制造单位报送的设备制造结算文件,提出审查意见,并应由总监理工程师签署意见后报建设单位。

(14)设备监造文件资料应包括下列主要内容:
①建设工程监理合同及设备采购合同。
②设备监造工作计划。
③设备制造工艺方案报审资料。
④设备制造的检验计划和检验要求。

⑤分包单位资格报审资料。
⑥原材料、零配件的检验报告。
⑦工程暂停令、开工或复工报审资料。
⑧检验记录及试验报告。
⑨变更资料。
⑩会议纪要。
⑪来往函件。
⑫监理通知单与工作联系单。
⑬监理日志。
⑭监理月报。
⑮质量事故处理文件。
⑯索赔文件。
⑰设备验收文件。
⑱设备交接文件。
⑲支付证书和设备制造结算审核文件。
⑳设备监造工作总结。

9 相关服务

9.1 一般规定

(1)工程监理单位应根据建设工程监理合同约定的相关服务范围,开展相关服务工作,编制相关服务工作计划。
(2)工程监理单位应按规定汇总整理、分类归档相关服务工作的文件资料。

9.2 工程勘察设计阶段服务

(1)工程监理单位应协助建设单位编制工程勘察设计任务书和选择工程勘察设计单位,并应协助签订工程勘察设计合同。
(2)工程监理单位应审查勘察单位提交的勘察方案,提出审查意见,并应报建设单位。变更勘察方案时,应按原程序重新审查。
勘察方案报审表可按规范表的要求填写。
(3)工程监理单位应检查勘察现场及室内试验主要岗位操作人员的资格,以及所使用设备、仪器计量的检定情况。
(4)工程监理单位应检查勘察进度执行情况、督促勘察单位完成勘察合同约定的工作内容、审查勘察单位提交的勘察费用支付申请表,以及签发勘察费用支付证书,并应报建设单位。
工程勘察阶段的监理通知单可按规范表的要求填写,监理通知回复单可按规范表的要求填写;勘察费用支付申请表可按规范表的要求填写;勘察费用支付证书可按规范表的要求填写。
(5)工程监理单位应检查勘察单位执行勘察方案的情况,对重要点位的勘探与测试应进行现场检查。

(6)工程监理单位应审查勘察单位提交的勘察成果报告,并应向建设单位提交勘察成果评估报告,同时应参与勘察成果验收。

勘察成果评估报告应包括下列内容:

①勘察工作概况。

②勘察报告编制深度、与勘察标准的符合情况。

③勘察任务书的完成情况。

④存在问题及建议。

⑤评估结论。

(7)勘察成果报审表可按规范表的要求填写。

(8)工程监理单位应依据设计合同及项目总体计划要求审查设计各专业、各阶段设计进度计划。

(9)工程监理单位应检查设计进度计划执行情况、督促设计单位完成设计合同约定的工作内容、审核设计单位提交的设计费用支付申请表,以及签认设计费用支付证书,并应报建设单位。

工程设计阶段的监理通知单可按规范表的要求填写;监理通知回复单可按规范表的要求填写;设计费用支付申请表可按规范表的要求填写;设计费用支付证书可按规范表的要求填写。

(10)工程监理单位应审查设计单位提交的设计成果,并应提出评估报告。评估报告应包括下列主要内容:

①设计工作概况。

②设计深度、与设计标准的符合情况。

③设计任务书的完成情况。

④有关部门审查意见的落实情况。

⑤存在的问题及建议。

(11)设计阶段成果报审表可按规范表的要求填写。

(12)工程监理单位应审查设计单位提出的新材料、新工艺、新技术、新设备在相关部门的备案情况。必要时应协助建设单位组织专家评审。

(13)工程监理单位应审查设计单位提出的设计概算、施工图预算,提出审查意见,并应报建设单位。

(14)工程监理单位应分析可能发生索赔的原因,并应制定防范对策。

(15)工程监理单位应协助建设单位组织专家对设计成果进行评审。

(16)工程监理单位可协助建设单位向政府有关部门报审有关工程设计文件,并应根据审批意见,督促设计单位予以完善。

(17)工程监理单位应根据勘察设计合同,协调处理勘察设计延期、费用索赔等事宜。

勘察设计延期报审表可按规范表的要求填写;勘察设计费用索赔报审表可按规范表的要求填写。

9.3 工程保修阶段服务

(1)承担工程保修阶段的服务工作时，工程监理单位应定期回访。

(2)对建设单位或使用单位提出的工程质量缺陷，工程监理单位应安排监理人员进行检查和记录，并应要求施工单位予以修复，同时应监督实施，合格后应予以签认。

(3)工程监理单位应对工程质量缺陷原因进行调查，并应与建设单位、施工单位协商确定责任归属。对非施工单位原因造成的工程质量缺陷，应核实施工单位申报的修复工程费用，并应签认工程款支付证书，同时应报建设单位。

附录 2 造林质量管理暂行办法

(2002 年 4 月 17 日，国家林业局林造发〔2002〕92 号文件)

第一章 总则

第一条 为加强造林质量管理，提高造林成效，依据《中华人民共和国森林法》、《中华人民共和国森林法实施条例》、《中华人民共和国种子法》、《中华人民共和国防沙治沙法》等有关法律、法规，制定本办法。

第二条 国有、国有集体合作、集体的造林，必须执行本办法；对国际合作、外资、私营企业和个人的造林管理，可参照执行。法律、法规另有规定的除外。

第三条 坚持质量第一的原则。按照全面质量管理的要求，实行事前指导、事中检查、事后验收的三环节管理，健全组织机构，规范管理制度，建立简便易行、科学有效的造林质量、技术管理和质量保证体系，提高造林管理水平，确保造林质量与成效。

第四条 实行造林全过程质量管理制度。将人工造林、更新造林全过程分解为规划、总体设计、年度计划、作业设计、种子准备、整地栽植、抚育管护等主要工序，并对各工序进行检查验收。

第五条 造林工序及检查验收，按照国家、行业标准和国家有关造林技术规定、办法执行；凡前述标准、规定和办法未涉及的，或经国务院林业行政主管部门批准有特殊规定的造林项目，参照项目或地方标准、规定和办法执行。

第六条 实行技术培训分级负责和持证上岗制度。造林主要工序及检查验收的相关人员，要先培训、后上岗。凡列为林业行业关键岗位的，必须在省级以上林业行政主管部门认定的关键岗位培训单位接受专门培训，持国务院林业行政主管部门监制的林业行业《关键岗位上岗资格证》上岗。

第七条 自然保护区的造林工程，暂由自然保护区按其总体规划及保护工作的实际需要安排，由林业行政主管部门负责检查验收。

第二章 计划管理

第八条 各级林业行政主管部门应根据本行政区经济、社会和生态环境建设需要及森林资源状况提出林业长远规划。县级林业行政主管部门根据本县的林业长远规划，组织编制植树造林规划，确定各造林责任部门和单位的造林绿化责任，报县级人民政府批准并下达责任通知书。

第九条 年度造林计划编制实行"自下而上、上下结合"的编制方法。各级林业行政主管部门依据植树造林规划及有关工程规划和实施方案，编制年度造林建议计划并逐级上报。国务院林业行政主管部门对各省年度造林建议计划汇总审核后报国家计委，申请下达年度造林计划。

第十条 年度造林计划一经下达，必须严格执行，任何单位不得擅自变更。如确需变更，需报原审批部门批准。

第十一条 地方人民政府负责组织并完成辖区内植树造林规划和年度造林计划确定的任务；县级人民政府林业行政主管部门（国有森工企业，下同）对本行政区域（施业区，下同）内当年造林情况应当组织检查验收。

第三章 设计管理

第十二条 造林项目要严格按照国家规定的基本建设程序进行管理，由具备资质的单位按批准的建设项目组织设计，按设计组织施工，按标准组织验收。各级林业行政主管部门要会同有关部门加强对造林项目实施方案、总体设计、作业设计等编制的组织指导，保证设计与施工的质量。要实行造林项目设计质量负责制，依法对各类设计进行管理。

第十三条 人工造林作业设计必须在施工作业上一年度、人工更新造林作业设计应在整地前3个月内，由县级林业行政主管部门委托有资质的调查设计单位或专业技术队伍编制完成，报地级林业行政主管部门审核同意后组织实施，并报省级林业行政主管部门备案，作为检查验收依据。

作业设计一经批准，不得随意变更；确需变更的，必须由建设单位提出申请，委托设计单位作出相应修改后，报原批准部门重新审批。没有作业设计或作业设计未经批准的，不得组织实施。

第十四条 造林作业设计以批准的造林总体设计、工程实施方案和上级下达的年度造林计划为依据，以县为单位分项目编制，以造林小班为作业设计单元。造林作业设计文件包括作业设计说明书、作业设计表和作业设计图：

（一）作业设计说明书。主要包括基本情况、设计原则与依据、范围与布局、造林技术设计、种苗设计、森林保护及配套基础设施施工设计、工作量与投资预算、效益评价、管理措施等。

（二）作业设计表。包括基本情况表、造林作业设计一览表及汇总表、分树种种苗需求量表、森林保护及配套基础设施年度作业设计表、投资预算表等。

（三）作业设计图。包括以地形图为底图的造林小班设计图（1/5000或1/10000）和位置图（1/25000或1/50000）、造林模式示意图、森林保护及配套基础设施施工设计图等。

第十五条 加强森林保护及配套基础设施建设，做到同步规划、同步设计、同步施工、同步验收。认真搞好森林火灾的预防和森林病虫鼠害的预测、预报、防治、监测、检疫工作，积极采取生物措施，降低森林火灾、森林病虫害的发生率和成灾率，减少森林灾害损失。

第十六条 生态公益林建设禁止大面积纯林设计，提倡混交林设计。新造林原则上单个无性系集中连片营造面积不得超过20公顷，单块纯林面积不得超过200公顷，与纯林相邻小班必须更换树种或营造混交林。

第十七条 严格实行造林作业设计检查验收与审查批复制度。各级林业行政主管部门要对外业调查、内业设计予以详尽的检查与验收，确保设计成果质量。

第四章 种子管理

第十八条 认真贯彻落实《种子法》，建立健全林木种子生产、经营许可证制度，严格种子检验、检疫，保证种子质量。

本办法所称林木种子(简称种子，下同)，是指林木的种植材料或者繁殖材料，包括籽粒、果实和根、茎、苗、芽、叶等。

第十九条 坚持适地适树适种源、良种壮苗的原则。推行种子质量负责制，加强种子质量的监督检查管理，把好种子质量关。提倡就地造林就近育苗，实行定点育苗、合同育苗、定向供应；必须在树种(品系)适生区内调运种子。

第二十条 严格实行种子分级制度。生产单位要按有关规定对种子进行分级；种子质量检验机构要对种子进行检验，确定种子质量等级，核发种子质量检验证；达不到国家、行业或地方规定种用标准的，不得用于造林；经检疫和验收合格方可用于造林。

第二十一条 要确保种子生产数量和质量。国家重点生态建设的造林项目，要优先使用经国家或省级审定的林木良种或种子生产基地生产的种子，要根据工程设计所要求的等级使用种子；任何部门和单位不得购买、使用无种子生产许可证、种子经营许可证、良种使用证、种子质量检验证、植物检疫证(简称"五证"，下同)的单位或个人生产的种子。

第二十二条 新品种(含品系等)的引进必须按林木引种程序，经过一个轮伐期以上引种试验成功，并通过国家或省级林木良种审定委员会审定(或认定)的林木良种方能大面积应用生产。

自然保护区的实验区需要实施人工造林的，不得引进非本地物种及新品种(含品系等)。

第五章 施工管理

第二十三条 坚持分类经营、定向培育、科学栽植、精心管护的原则。推广应用先进科技成果和实用技术，大力发展优良乡土树种，提倡营造混交林(包括人工天然混交林)。

第二十四条 强化造林作业工序管理。清林整地、栽植覆土、补植抚育等每项作业都要在监理人员或技术人员(现场员)的指导监督下进行。对作业质量不合格的，要责令立即返工，做到造林作业全过程质量管理与控制。

第二十五条 采用穴状、鱼鳞坑、带状等整地方式，保留原生植被，防止水土流失。坡度25度以上禁止全垦整地。因特殊情况确需炼山整地的，必须经县级以上人民政府或授权单位批准，并采取安全措施，在森林特别防火期内禁止炼山整地作业。

第二十六条 要认真做好起苗、分级、运输、假植、栽植等各生产工序的管理，按有关规程、标准、细则所规定的生产程序实施作业，保证苗木的形态、生理、活力指标，努力避免苗根暴露时间过长、苗木失水、栽植不规范等严重影响成活的现象发生。

第二十七条 要认真做好造林后的补植补播工作。凡当年造林成活率达不到国家规定合格标准的需补植补播地块，要在下一年度内进行补植补播，使其尽快达到国家规定合格标准。

第六章 抚育管护

第二十八条 要全面加强新造林地的抚育管护工作，严格执行造林作业设计文件要求的生产作业内容和规格标准，及时实施扩穴培土、割灌除草、浇水施肥、清沙等抚育作业。

第二十九条 地方各级人民政府应当组织有关部门建立护林组织，负责护林工作；根据实际需要在大面积林区增加护林设施，加强新造林地保护；督促国有林区的基层单位，划定护林责任区，配备专职或兼职护林员，建立护林公约，组织群众护林。

第三十条 全面推行新造林地管护责任制，做到管护措施到位、管护人员到位、管护经费到位、管护责任到位。积极推行个体承包经营管护责任制。管护责任制以合同的方式与管护单位或承包者的利益挂钩，实行奖励与惩罚结合。

第七章 工程项目管理

第三十一条 国家投资的林业重点工程的造林项目实行工程项目管理；地方投资造林工程项目参照工程项目进行管理。

第三十二条 推行造林工程项目招投标制度或技术承包责任制度。国家单项投资在50万元以上的种子或基础设施等建设项目，实行招投标；推行有资质的造林专业队（工程队或公司，下同）承包造林；其他造林项目可由县级林业行政主管部门做好组织、指导、监督和提供技术咨询服务等工作，实行技术承包。

第三十三条 造林专业队的资质条件根据承担工程量的大小分别由省、地、县级林业行政主管部门按以下条件及有关规定进行审查认定，并实行年审制度。造林专业队必须具备以下基本条件：

（一）有从事营造林工作3年以上经历，且具有林业中级以上技术职称或相当学历的人员2名以上。

（二）取得林木种苗工、造林更新工等林业行业职业资格鉴定证书的技术工人3名以上。

（三）持有法人营业执照。

第三十四条 实行造林目标管理责任制。国家、省、地、县四级林业行政主管部门逐级签订造林目标管理责任状，每年考核一次，兑现奖惩。项目负责人是造林质量的第一责任人，要把造林质量作为考核负责人业绩的主要内容。

第三十五条 实行造林合同制管理。造林工程项目建设单位与承建单位或个人签订造林合同，合同文本由各省根据本地实际情况统一作出规定，但合同内容必须明确造林面积、作业方式、造林时间、技术要求、质量标准、验收程序、双方的权利和义务、违约责任及其他需要约定的事项。

第三十六条 造林合同一经签订，不允许擅自转包或分包。各级林业行政主管部门对本辖区内所发现的擅自转包或分包行为要及时进行调查处理；不调查、不处理的，其上一级林业行政主管部门要追究该主管部门及有关领导人员的责任。

第三十七条 造林合同执行过程发生合同纠纷时，由建设单位与承建单位或个人协商解决；协商不能解决的，任何一方都可以向有管辖权的人民法院提起诉讼。

第三十八条 推行造林工程项目监理制。国家单项投资 50 万元以上的造林工程项目，逐步实现聘请有造林监理资质的单位，对承建单位的造林施工质量进行全过程的监理，确保按作业设计进行施工和每个造林环节的施工质量符合设计要求。未实行造林监理的，县级林业行政主管部门要委派专业技术人员现场指导、监督，实行技术承包责任制。

第三十九条 从事造林监理人员必须持有国务院林业行政主管部门颁发的上岗证。

第四十条 造林监理单位应按委托监理合同规定，向建设单位提交监理旬报、月报、季报、年报和工程质量、投资方面的统计报表、情况报告等。造林工程项目竣工验收后，造林监理单位向建设单位提交监理总结报告。

第四十一条 推行造林报帐制管理。要把造林资金使用与实际完成造林工作数量和质量挂钩。可采取预拨造林资金或由实施单位全额垫付，以县为单位，依据造林检查验收结果分期分批报账。

（一）造林结束后，林业行政主管部门组织检查验收，签发《施工合格证》（附件 1），依据《施工合格证》支付造林总费用的 50%。

（二）造林当年，林业行政主管部门组织检查验收，签发《造林质量合格证》（附件 2），依据《造林质量合格证》支付造林总费用的 30%。

（三）第二年，林业行政主管部门组织检查验收，签发《抚育管护作业质量合格证》（附件 3），依据《抚育管护作业质量合格证》支付造林总费用的 10%。

（四）第三年，林业行政主管部门组织检查验收，签发《造林验收合格证》（附件 4），依据《造林验收合格证》支付造林总费用的 10%。

第八章 检查验收管理

第四十二条 实行造林质量指导监督、检查验收制度。林业行政主管部门要依据有关标准、规定对造林作业数量和质量，实行严格的质量监督与检查验收。

第四十三条 实行造林项目检查验收制度。造林检查验收包括年度检查、阶段验收、竣工验收。

（一）年度检查。分别由国家、省、地、县，定期对所管造林工程项目建设情况进行全面或按比例检查。

（二）阶段验收。每 3～5 年为一个阶段，由县、地、省、国家自下而上逐级进行验收。

（三）竣工验收。造林工程项目全面完成后，在县、地、省逐级完成验收的基础上，国务院林业行政主管部门会同国家有关部门共同组织竣工验收。

第四十四条 检查验收主要内容：作业设计、苗木标准、造林面积、建档情况、混交类型以及"五证"等。具体考核指标为作业设计率、苗木合格率、面积核实率、成活率、面积合格率；抚育率、管护率、混交率；保存率；建档率、检查验收率以及生长情况、病虫危害情况、森林保护和配套设施施工情况等。

第四十五条 检查验收程序。

（一）县级自查。造林当年，以各级人民政府及其林业行政主管部门下达的造林计划和造林作业设计作为检查验收依据，县级负责组织全面自查，提出验收报告报地级林业行政主管部门，地级林业行政主管部门审核后，报省级林业行政主管部门。

（二）省级（地级）抽查。在县级上报验收报告的基础上，地级林业行政主管部门严格按照造林检查验收的有关规定组织抽样复查，省级林业行政主管部门根据实际需要组织抽样复查或组织工程专项检查，汇总报国务院林业行政主管部门。

（三）国家级核查。根据省级上报的验收报告、统计上报的年度造林完成面积，国务院林业行政主管部门组织对造林进行核（检）查，纳入全国人工造林、更新实绩核查体系中，并将核（检）查结果通报全国。

第四十六条　检查验收方法。采取随机、机械、分层抽样等方法进行抽样，被抽中的小班，以作业设计文件、验收卡等技术档案为依据，按照造林质量标准，实地检查核对，统计评价。

国家级核查比例实行县、省两级指标控制的办法，即以县为基本单元，核查县数量比例不低于10%，所抽中的县抽查面积不低于上报面积的5%；以省为单位计算，抽查面积不低于上报面积的1%。省级（地级）检查，在保证检查精度的原则下，由各地根据实际情况自行确定。

第四十七条　各级林业行政主管部门要设立举报电话和举报信箱，认真受理举报电话和信件，自觉接受社会、舆论和群众监督。根据群众举报和有关部门或新闻单位反映的问题，按照事权划分原则，林业行政主管部门可牵头组成检查组进行直接检查。

第九章　信息档案管理

第四十八条　国家、省、地、县要建立科技支撑和实用技术应用保障体系，加强技术培训，积极应用最新的实用科技成果，完善效益监测和评价体系，完成年度监测工作。

第四十九条　要逐步建立国家、省、地、县四级造林质量管理信息系统，实行信息化和网络化管理。要积极推广应用地理信息系统（GIS）、全球定位系统（GPS）、遥感（RS）技术（简称"3S"技术），提高造林管理水平。县级以上林业行政主管部门要按照有关规定及时、准确、全面逐级上报当年造林执行情况。

第五十条　实行造林档案管理制度。各级林业行政主管部门要严格按照国家档案管理的有关规定，及时收集、整理造林各环节的文件及图面资料，建立健全造林技术档案。国际合作、外资、民营、私营等投资的造林项目也要建立档案，报当地林业行政主管部门备案。

第十章　奖惩管理

第五十一条　各级林业行政主管部门在造林项目实施过程中，对造林质量先进集体和个人予以表彰奖励，激励广大干部职工积极投入造林绿化工作，提高造林质量。

第五十二条　实行造林质量检查验收通报制度。凡因人为原因出现下列情况之一的，国务院林业行政主管部门将给予通报，并视情节轻重，对造林工程项目进行缓建、停建或调减。

（一）未经批准随意变更造林任务和建设内容的。

（二）使用无"五证"或使用假、冒、伪、劣种子造林的。

（三）不按国家标准、规程进行造林设计或不按技术规程组织施工的。

（四）欺上瞒下、虚报造林数量和质量，未按计划完成造林任务的。

（五）挤占、截留、挪用造林投资的。

（六）地方配套资金不能按时足额到位，严重影响造林进度和质量的。

（七）在检查验收中弄虚作假的。

（八）未达到国家规定的造林质量标准的。

第五十三条 因人为原因造成造林质量事故的，依照《国家林业局关于造林质量事故行政责任追究制度的规定》，追究有关人员的责任。

第十一章 附则

第五十四条 各省、自治区、直辖市林业行政主管部门根据本办法，制定本辖区的实施细则，报国务院林业行政主管部门备案。

第五十五条 飞播造林（治沙）执行《全国飞播造林（治沙）工程管理办法》（试行）。

第五十六条 封山（沙）育林及人工促进天然更新、森林抚育（含低质林改造）和森林管护，可参照本办法执行。

第五十七条 本办法由国家林业局负责解释。

第五十八条 本办法自发布之日起施行，凡与本办法不符的，以本办法为准。

附录3 工程监理常用规范表格

承包单位资质报审表

工程名称：

致：　__山西××××绿化工程监理有限公司__（监理单位） 　　我（承包单位）具有承担_____工程第____标段工程的施工资质和施工能力，可以保证本工程项目按合同的约定进行施工。请予以审查批准。 　　附：承包单位资质资料 　　1）营业执照 　　2）资质证书 　　3）组织机构代码证 　　4）税务登记证 　　5）中标通知书 　　6）施工合同 　　7）开户许可证   　　　　　　　　　　　　　　　　　　　　　　　　承包单位：（章） 　　　　　　　　　　　　　　　　　　　　　　　　项目经理：_____ 　　　　　　　　　　　　　　　　　　　　　　　　日　　期：_____
监理工程师审查意见：   　　　　　　　　　　　　　　　　　　　　　　　　监理工程师：_____ 　　　　　　　　　　　　　　　　　　　　　　　　日　　期：_____
总监理工程师审批意见：   　　　　　　　　　　　　　　　　　　　　　　　　项目监理机构：_____ 　　　　　　　　　　　　　　　　　　　　　　　　总监理工程师：_____ 　　　　　　　　　　　　　　　　　　　　　　　　日　　期：_____

施工组织设计(方案)报审表

工程名称		编　号	
地　点		日　期	

致：_____(监理单位)：
　　我方已根据施工合同的有关规定完成了_____ 工程施工组织设计(方案)的编制，并经我单位上级技术负责人审查批准，请予以审查。
　　附：施工组织设计(方案)

承包单位(章)：

项目经理：

专业监理工程师审查意见：

专业监理工程师：　　　　　　　　　　　　　　　　　　　　　　　日　期：

总监理工程师审核意见：

监理单位：

总监理工程师(签字)：　　　　　　　　　　　　　　　　　　　　　日　期：

本表由承包单位填报，建设单位、监理单位、承包单位各存一份。

开工报审表

工程名称：_____

致：_____

我方承担的_____工程，已完成了以下各项工作，具备了开工条件，计划于___月___日开工，请审批。

已完成报审的条件有：
1. ☐ 施工组织设计（含主要管理人员和特殊工种资格证明）
2. ☐ 施工进度计划报审表
3. ☐ 主要人员、材料、设备进场
4. ☐ 施工现场道路、水、电、通讯等已达到开工条件

施工单位：（章）

项目经理：_____

日　　期：_____

审查意见：

审批结论：　　☐同意　　　☐不同意

项目监理机构：_____

总监理工程师：_____

日　　　期：_____

开工报告

工程名称		绿化总面积		建设单位	
工程地点	第___标段	工程合同价		施工单位	
工程批准文号		开工条件说明	施工图纸交审情况	已审	
计划开工工期			施工组织设计编审情况	已审	
计划竣工日期			施工方案编审情况	已审	
实际开工日期			三通一平情况	具备	
合同工期			施工队伍进场情况	完毕	
审核意见	建设单位 负责人： （公章） 年 月 日		监理单位 负责人： （公章） 年 月 日	施工单位 负责人： （公章） 年 月 日	

苗木/种子供应单位资质报审表

工程名称			编　号	
地　点			日　期	

致：＿＿＿＿＿＿＿＿（监理单位）：
　　根据工程要求，经我方审查，＿＿＿＿＿＿＿＿＿＿＿＿＿＿＿＿＿＿可提供符合设计要求的苗木/种子，请予以审查批准。
　　附：苗木/种子供应单位的资质材料

名　称	苗木/种子供应单位	规　格	数　量	供货日期

苗木/种子采购单位(章)：

　　　　　　　　　　　　　　　　　　　　　　　　　　　　负责人：

专业监理工程师审查意见：

专业监理工程师：　　　　　　　　　　　　　　　　　　日　期：

审核意见：

监理单位(章)：

总监理工程师：　　　　　　　　　　　　　　　　　　　日　期：

本表由苗木/种子单位填报，建设单位、监理单位、承包单位各存一份。

施工测量定点放线报验表

工程名称		编　号	
地　　点		日　期	

致：_____（监理单位）：
　　我方已完成(部位)_____ 的测量放线，经自验合格，请予查验。
　　附件：自检报告

承包单位名称：

测量员(签字)：

查验人(签字)：

技术负责人(签字)：

查验结果：

查验结论：　　□合格　　□纠错后重报

监理单位：

监理员(签字)：　　　　　　　　　　　　　　　　　日　期：

本表由承包单位填报，建设单位、监理单位、承包单位各存一份。

整地报验表

工程名称		编　号	
地　点		日　期	

致：_____（监理单位）：
　　我单位已完成了_____整地工作，经自检，其密度、植树坑的规格均符合设计要求，现报上该工程报验申请，请予以审查和验收。
　　附件：自检报告

承包单位(章)：

项目经理：

日　　期：

审查意见：

监理单位：

监理员：

日　　期：

本表由承包单位填报，建设单位、监理单位、承包单位各存一份。

苗木报审表

工程名称			编　号	
地　　点			日　期	

致：＿＿＿＿＿＿＿＿（监理单位）：
下列苗木符合技术规范设计要求，报请验证并准予进场使用：
1. 苗木质量证明材料（苗木检验证书、苗木标签）；
2. 苗木植物检疫证。

苗木名称	供应单位	规　格	数　量

负责人：

苗木采购单位(章)：

审查意见：

承包单位(章)：

项目经理：　　　　　　　　　　　　　　　　　　　　　　　日　期：

审查意见：

监理单位：

监理员：　　　　　　　　　　　　　　　　　　　　　　　　日　期：

本表由苗木采购单位填报，建设单位、监理单位、承包单位各存一份。

植苗报验表

工程名称		编　号	
地　　点		日　期	

致：_____（监理单位）：
　　我单位已完成了_____的植苗造林工作，经自检，其质量符合设计要求，现报上该工程报验申请，请予以审查和验收。
　　附件：自检报告

承包单位名称：

项目经理：

审查意见：

监理单位：

监理员：　　　　　　　　　　　　　　　　　　　　　　　　　　　　日　期：

本表由承包单位填报，建设单位、监理单位、承包单位各存一份。

抚育/灌溉报验表

工程名称		编 号	
地　　点		日　期	

致：_____（监理单位）：
　　我单位已完成了___抚育/灌溉___工作，经自检，其质量符合设计要求，现报上该工程报验申请，请予以审查和验收。
　　附件：自检报告

承包单位(章)：

项目经理：

审查意见：

监理单位：

监理员：　　　　　　　　　　　　　　　　　　　　　　　日　期：

本表由承包单位填报，建设单位、监理单位、承包单位各存一份。

工程竣工报验单

工程名称：

致：_____

我方已按合同要求完成了_____工程第____标段的全部施工内容，经自检符合合同及设计要求，且技术资料齐全，现报请竣工验收，请予以检查和验收。

附件：自检报告

施工单位(章)：_____

项 目 经 理：_____

日　　　期：_____

审查意见：

经初步验收，该工程

1. 符合/不符合我国现行法律、法规要求。
2. 符合/不符合我国现行工程建设标准。
3. 符合/不符合设计文件要求。
4. 符合/不符合施工合同要求。

综上所述，该工程初步验收合格/不合格，可以/不可以组织正式验收。

项目监理机构(章)：_____

总 监 理 工 程 师：_____

日　　　期：_____

竣工报告

工程名称		绿化总面积		建设单位	
工程地点		工程合同价		施工单位	
计划开工工期		自检(互检)情况		自检完毕	
实际开工日期		技术资料整理情况		整理完毕	
计划竣工日期		工程质量检查评定情况		符合设计	
实际竣工日期		未完工程盘点情况		进入养护期	
计划工作日数					
实际工作日数					

	建设单位	施工单位	监理单位
审核意见	负责人：　　（公章） 　　年　月　日	负责人：　　（公章） 　　年　月　日	负责人：　　（公章） 　　年　月　日

工程款支付申请表

工程名称		编　号	
地　点		日　期	

致：_____

　　我方已于_____年___月___日完成本标段所有绿化工作，按规定，建设单位应在我单位施工完成后支付该项目进度工程款。本标段工程总造价为_____万元，按总造价的_____%计算，共计应支付进度款（大写）_____。小写_____元，现报上工程付款申请表，请予以审查并开具工程款支付证书。

承包单位名称：

项目经理（签字）：

本表由承包单位填报，建设单位、监理单位、承包单位各存一份。